U0383056

古生物学基础教程

朱才伐　编著

中国石化出版社

内 容 提 要

本书共 10 章,内容包括古生物学基础知识及基本理论、门类古生物学和应用古生物学 3 部分。第 1~4 章系统阐述古生物学的基本概念、基础理论知识;第 5~9 章介绍了古生物主要门类特征,重点突出地质勘探实践中常见的门类化石;第 10 章介绍古生物学的研究方法、古生物学研究意义及应用。针对石油地质类学科专业的特色和人才培养需求,强调基础理论教学和实践应用教学的结合,贯彻"少而精,突出重点"的原则,着重于古生物学中最基本理论和基础知识的系统阐述,并强化了油气地质勘探实践中广泛应用的微体古生物学和能源古生物学应用方面的内容。

本书作为石油石化地质类普通高等教育规划教材,适用于石油类和地质类专业本科、专科教学,也可供从事本学科研究的野外工作者和地质科研人员参考使用。

图书在版编目 (CIP) 数据

古生物学基础教程 / 朱才伐编著.
—北京:中国石化出版社,2018.3 (2021.3 重印)
ISBN 978 - 7 - 5114 - 4635 - 0

Ⅰ.①古…　Ⅱ.①朱…　Ⅲ.①古生物学 – 教材
Ⅳ.①Q91

中国版本图书馆 CIP 数据核字 (2018) 第 035361 号

中国石化出版社出版发行

地址:北京市东城区安定门外大街 58 号
邮编:100011　电话:(010)57512500
发行部电话:(010)57512575
http://www.sinopec-press.com
E-mail:press@ sinopec.com
北京科信印刷有限公司印刷
全国各地新华书店经销

＊

787 × 1092 毫米 16 开本 12.25 印张 307 千字
2018 年 2 月第 1 版　2021 年 3 月第 2 次印刷
定价:48.00 元

前　言

20世纪90年代以来，古生物学在新材料的发现和资料的积累方面有许多新的突破，在基础理论、技术方法等诸多方面获得了显著的进展。与此同时，石油石化工业国际化、现代化新趋势对高素质地质专业创新人才培养提出了更高要求，普通高等院校古生物学教学改革也在不断深入，教学要求不断提高。但是，现有的古生物学教材体系和内容已不能完全满足石油类高校改革后新的本科培养方案教学需要。为适应石油石化工业和石油石化高等教育发展新形势的需要，中国石化出版社围绕石油地质与油气勘探专业教材建设，制定了一系列普通高等教育"十三五"教材出版规划。根据立项规划，由中国石油大学(北京)组织编写《古生物学基础教程》，作为高校石油石化类和地质类本科教学的基础教材。

本教材在参考、吸收国内外同类教材学科体系思想精华的基础上，立足追踪和吸取学科前沿及相关现代生物学和地质学最新研究成果，对教学内容进行精选和更新。编写过程中充分考虑石油地质类专业培养目标、专业特色以及业务服务领域的特点，在强调基础理论科学性、教材体系系统性和完整性的同时，重点体现实践性和应用性。全书共分为10章，内容包括古生物学基础知识及基本理论，门类古生物学和应用古生物学3部分。贯彻"少而精、突出重点"的原则，着重于对古生物学中最基本的理论和基础知识的系统阐述，并强化油气地质勘探实践中广泛应用的微体古生物学和能源古生物学应用方面的内容，将实际应用最广泛的一些边缘学科纳入，以体现学科主要发展方向和应用领域。结合长期以来的教学实践，广泛参考国内外新教材和新资料，在教材设计、编排体例和内容上进行了较大的改进。在门类古生物学部分以基础理论为导入，增加并优选各门类最具代表性化石相关内容，强调理论教学与实践性教学环节的有机结合，着重基础理论和基本知识的阐述和对学生分析问题、解决问题能力的培养。内容编排上，各章节增加了核心知识点、关键术语、思考题等内容，体现了教材的实用性和可读性。

本教材由中国石油大学(北京)朱才伐主编。教材的编著出版得到了中国石化出版社的大力支持,在此表示衷心感谢!教材力求追踪学科前沿知识,书中图、表、资料等主要参考和引用国内外相关教材以及反映学科前沿进展的学术著作,限于篇幅,部分资料未能详细列出引述教材或著作,特此说明并向诸位专家、学者表示敬意和感谢!

由于编者水平有限,教材中缺点和不足之处敬请读者指正。

目　录

第一章 古生物学基本概念

【本章核心知识点】

本章主要介绍古生物学的基本概念，古生物学的研究内容和任务，化石的概念、形成条件、形成过程及其保存类型。

(1) 古生物是地质历史时期中出现的生物。

(2) 古生物学研究的对象是化石，即保存在岩层中地质时期的生物遗体、生命活动的痕迹以及生物成因的残留有机物质。

(3) 化石依据保存特点可分为实体化石、模铸化石、遗迹化石、化学化石4种保存类型。

第一节 古生物学及其研究内容

一、古生物学及其内容

古生物学(Palaeontology)是研究地史时期的生物界及其发生、发展与演化的科学。古生物学是生命科学和地球科学汇合的交叉科学，是研究地质时期中生命的科学。她的永恒研究主题是生命的起源和演化。古生物学既是生命科学中唯一具有历史科学性质的时间尺度的独特分支，研究生命起源、发展历史、生物进化模型、生物进化节奏与作用机制等历史生物学的重要基础和组成部分；又是地球科学的一个分支，研究保存在地层中的生物遗体、遗迹和生物死亡后分解的有机物分子，用以确定地层的顺序、时代，了解地壳发展的历史，推断地质史上水陆分布、气候变迁和沉积矿产形成与分布的规律。她是认识生物和地球发展的最可靠的依据，现代地质科学的重要支柱，在化石能源(石油、天然气、煤)及矿产资源的勘探与开发中有着广泛的应用，对控制生态平衡和保护人类的家园——地球，起着越来越重要的借鉴和指导作用，也是进化论和唯物主义自然观创立与发展的科学依据。

古生物学研究地史时期的生物，它所研究的范围不仅包括在地史时期中曾经生活过的各类生物，也包括各地质时代所保存的与生物有关的资料。现代古生物学研究内容非常广泛，涉及到地球科学、生物学、人文学、物理学、化学、数学等各学科的知识和问题，不仅研究古代生物的系统分类(分类学)和地质(层)分布规律(生物地层学)，还须研究古代生物埋葬的过程或化石形成的机理(埋葬学)，古代生物的地理分布格局及其控制因素(古生物地理学)，古代生物与它们所生活的无机和有机环境之间的关系(古生态学)，古代生物与古代气候的关系(古气候学)，古代生物的活动痕迹(古遗迹学)，古代生物的病理现象(古病理学)，古代生物体的化学成分、性质和构造及各地质时代生物有机物的演变规律(古生物化学)，化石中残留的有机物的分子结构和遗传信息[如氨基酸及脱氧核糖核酸(DNA)]等(分子古生物学)，古代生物骨骼无机和有机的组成及其形成机理(生物矿物学)，古代生物的生理机能、适应和功能形态(功能形态学)，模拟古代生物(如恐龙、翼龙、头足类、裸类等)

身体的优异结构和机能来建造或改进工程技术设备，或对工程技术设备(如钻头、飞机机翼、桥梁、潜艇等)的设计提供有益的借鉴(古仿生学)。

二、古生物学发展简史

作为地球科学的主要分支之一，古生物学的形成和发展经历了漫长的历史过程。19世纪以前，古生物学的发展基本处于萌芽和基本思想的诞生时期。最早对化石作出较完整、科学说明的科学家在国外首推古希腊时代的哲学家色诺芬尼(Zenophanes，公元前约590年)。在国内，从唐朝开始，我国不但有了对无脊椎动物化石的记载，而且已经有了对化石的形成过程近于现代认识的科学解释。唐朝著名书法家颜真卿由贝类化石联系到沧海桑田，几乎与颜真卿同时的诗人韦应物则由琥珀中的昆虫化石写出了"曾为老获神，本是寒松液。蚊落其中，千年犹可觌"的"咏琥珀"一诗，完全正确地描述并解答了琥珀中昆虫化石形成的过程。对腕足动物化石"石燕"和三叶虫化石的记述始于晋朝，而比较完整、科学地说明化石并联系古地理、古气候来描述的，首推宋朝的沈括，他在名著《梦溪笔谈》中已经很成功地运用了"将今论古"的现实主义原则，阐述了"竹笋"(新芦木)、核桃、鱼、蟹化石是旷古以前的"本地之物"的见解和海陆变迁的论断。

在18世纪的科学家中，值得提及的有瑞典的林奈(K. Linne，1707~1778)，他创立了"双名法"，建立了生物的系统分类，给生物学和古生物学的研究工作带来了很大的方便。进化论的先驱，无脊椎动物学奠基人拉马克(J. B. Lamarck，1744~1829)所著的《论巴黎附近的化石贝壳类》，运用现生种与灭绝种数量比例的关系，划分出不同层位里的化石群组合，进而说明各层位间的这些化石既有区别又有联系的特点。这个原则，一直为现代古生物学所应用。他的另一部著作《动物学的哲学》，则着重研究了生物进化的原理，为达尔文著述进化论奠定了基础。曾被誉为英国"地质学之父"的史密斯(W. Smith，1769~1839)，最早利用化石划分和对比地层，创立了"化石层序律"，制作了世界上第一张地层表、地质剖面图，绘制了英国南部的地质图，为地层古生物学开辟了新途径，为地质工作者创建了常用的基本方法。古脊椎动物学的奠基人，法国的居维叶(G. Curvier，1769~1832)，根据大量的化石和现生脊椎动物材料的研究结果提出了"器官相关定律"，为探索古脊椎动物的奥秘提供了新的启示。英国地质学家赖尔(Sir C. Lyell，1797~1875)，他的名著《地质学原理》的问世，第一次将理性带进地质学中，他的"环境条件渐次改变直接导致有机体渐次改变"的学说，对古生物工作者研究生物演化及正确认识化石等在理论指导方面具有十分重要的意义。继后，对古生物学的研究始终发挥着重大作用的是达尔文(C. R. Darwin，1809~1882)的进化论及其有关著作，它们引发了生物学界的一场革命，推动了生物学研究的迅速发展，加速了古生物学的完整建立。到19世纪后期，古生物文献渐渐出现，专科期刊随之出版，专题研究报告也陆续涌现，大量的古生物属种描述工作如雨后春笋，遍及当时各工业比较发达的国家。于是，古生物学教科书也随后问世。到19世纪末，古生物学终于完整地建立起来。

20世纪以来，古生物学不断深入发展，新的分支和边缘学科不断涌现，这一时期表现为古生物学外延的不断扩大。随着生产发展的需要，特别是石油地质、海洋地质和其他钻井勘探事业的发展，关于许多形体微小的古生物门类或生物体某些微小部分的研究发挥出了重要的作用，因而形成了古生物学新的分支学科——微体古生物学(Micropalaeontology)。由于鉴定方法和手段的发展，还出现了专门研究植物繁殖器官孢子和花粉的孢粉学(Palynology)，

以及利用电镜等新技术研究超微浮游生物和机体微细构造的超微古生物学（Ultramicropalae-
ontology）等分支学科。由于数学、化学和物理学等方面成果不断向古生物学渗透，特别是运
用生物数理统计方法来研究古生物的分类、古生态等问题的实践越来越多，反映古生物学从
一门定性描述的学科逐渐发展为定量研究的学科。此外，古生物学与其他学科结合而产生了
一些边缘性学科，包括研究古生物与古环境关系的古生态学（Palaeoecology），研究地史时期
动植物群地理分布的古生物地理学（Palaeobiogeography），研究古代生物活动痕迹的古遗迹学
（Palaeoichnology），与地层学结合的生物地层学（Biaostratigraphay），与物理化学结合、研究
古老地层中所含牛物残余有机组分的古生物化学（Palacobiochemisuy），以及从分子水平研究
地史时期生物的分子古生物学（Molecular Palaeontology），等等。

从发展趋势来看，古生物学未来可能朝着两个方向发展，其一是朝着描述古生物学方向
发展，主要研究古生物化石的形态特征、分类、位置及其时代分布和生态特征等，即所谓传
统古生物学的研究内容；其二是朝着理论古生物学方向发展，主要研究古生物进化方式、进
化速率和进化机制等内容。

近年来，由于地球科学各分支学科的不断发展和交叉，现代古生物学研究内容及其应用
非常广泛，涉及到地球科学、生物学、人文学、物理学、化学、数学等各学科的理论和知
识，因而，与古生物学相关的新的边缘学科不断涌现，逐渐形成了生物地质学新的学科体
系，出现了作为地球科学与生命科学相结合而形成的新兴交叉学科——地球生物学（Geobiol-
ogy）。地球生物学主要研究地球系统的生命运动，涉及地球环境和生命系统的相互作用，它
的形成与发展既是当今科学技术发展的结果，也是当今世界对所面临的重大人类—环境—资
源问题的响应。

第二节　化石及其保存类型

一、化石的定义

古生物学研究地史时期的生物，其具体对象是发现于各时代地层中的化石（fossil）。所
谓化石，是指保存在各地史时期岩层中的生物遗体、遗迹和死亡后分解的有机物分子。化石
与一般岩石的区别之处在于它与古代生物相联系。化石必须反映一定的生物特征，如某种形
状、大小、结构或纹饰等，并足以说明自然界中生物的存在，因此地层中一般的矿质结核以
及硬锰矿的树枝状结晶等无机产物不能视为化石，这些成因与生物无关而形态貌似动植物的
无机产物常常被称之为假化石（pseudofossil）。同时化石还必须是保存在岩层中地史时期的
生物遗体和遗迹，而埋藏在现代沉积物中的生物遗体就不能称作化石。距今只有几千年的出
土文物，如距今两千多年的长沙马王堆古尸等，是考古研究的对象，但不能称为化石。严格
地说，古、今生物很难以某一时间界线截然分开，但是为了研究方便，一般以全新世的开始
（距今约1万年）作为古、今生物的分界。那么，埋藏在现代沉积物中的生物遗体或人类有
史以来的考古文物都不属于化石。

二、化石形成的条件

地史时期的生物遗体和遗迹在被沉积物掩埋后，经历漫长的地质年代，埋藏在沉积物内

的生物体在成岩作用时经过物理化学作用的改造而形成化石。但是，地史时期所生存的生物并非都能形成化石，能否形成化石并保存下来取决于多方面的条件。化石的形成及其保存特征既与生物本身的构造和化学成分有关，同时也受地质环境因素的影响。

1. 生物本身的条件

化石的形成首先需要一定的生物自身条件。具有硬体的生物保存为化石的可能性较大，如无脊椎动物的贝壳、脊椎动物的骨骼等。因为它们主要由矿物质组成（如方解石、磷酸钙等），能够较持久地抵御各种破坏作用。其次，具角质层、纤维质和几丁质薄膜的生物，如植物的叶子等，虽然易遭受破坏，但不易溶解，在高压下易碳化而保存成为化石。生物的软体部分，如内脏、肌肉等一般易腐烂分解或被摄食而消失，所以除特殊条件外很难保存为化石。

2. 埋藏条件

化石的形成和保存还需要一定的埋藏条件。生物死后若能迅速埋藏，则保存为化石的可能性就大。如在海洋、湖泊等水体中沉积物能够迅速堆积的地方，生物遗体能够较快地被埋藏，形成化石的机会就多。若生物死后长期暴露于地表或长期在水底而未被泥沙所掩埋，就会被其他动物吞食，被细菌腐蚀，或遭受风化、水动力作用的破坏等。同时，掩盖的沉积物质不同，生物保存为化石的可能性也有差别。一般来说，掩盖物质的粒度愈小（如淤泥、细沙等）愈有利于化石的形成，再加上沉积作用宁静，保存时没有生物的破坏或介质条件具有防腐作用，则容易形成完整而精美的化石。如我国山东省临朐县山旺村中新世中期的硅藻土页岩中就保存有大量罕见的完美化石。

3. 时间因素

时间因素在化石的形成中也是必不可少的。生物遗体或其硬体部分必须经历长期的埋藏，才能随着周围沉积物的成岩过程而石化成化石。有时生物遗体虽被迅速埋藏，但在较短的时间内又因冲刷等自然营力的作用而暴露出来，仍然不能形成化石。

4. 成岩作用的条件

沉积物的成岩作用对化石的形成和保存具有显著影响。一般来说，沉积物在固结成岩过程中的压实作用和结晶作用都会影响化石的保存。碎屑沉积物的压实作用较为显著，常常导致碎屑岩中的化石很少保持原始的立体形态。化学沉积物的成岩结晶作用则常使生物遗体的微细结构遭受破坏，尤其是深部成岩、高温高压的变质作用和重结晶作用，可使已形成的化石严重破坏甚至消失。

三、化石化作用

埋藏在沉积物中的生物遗体，伴随着沉积物的成岩过程，经过物理化学作用的改造而成为化石的作用，称为化石化作用（fossilization）。化石化作用主要有矿质充填作用、置换作用和碳化作用3种形式。

1. 矿质充填作用

矿质充填作用指的是生物硬体内部的各种孔隙被地下水中的矿物质所充填而形成化石的一种作用。无脊椎动物的硬体结构间或多或少留有空隙，如有孔虫壳的房室、珊瑚隔壁间隔及一些贝壳内层的疏松多孔等；以及脊椎动物的骨骼，尤其是肢骨，因其骨髓消失而留下的中空部分。当这些硬体和骨骼掩埋日久，孔隙被地下水携带的矿物质——主要是碳酸钙

（CaCO₃）所充填后，就变得更加致密、坚硬，质量增加。矿质充填作用形成的化石保留了原来生物硬体的细微构造。

2. 置换作用

生物遗体在被埋藏的情况下，生物体原来的硬体部分，由于地下水的作用逐渐被溶解，而同时又由水中外来矿物质逐渐补充代替的过程称为置换作用，又称交替作用。如果溶解和交替的速度相等，且以分子相交换，即可保留原来硬体的微细构造。如华北二叠系中的硅化木，其原来的木质纤维均被硅质所代替，但微细结构如年轮及细胞轮廓都清晰可见。如果交替速度小丁溶解速度，则生物硬体的细微构造会被破坏，仅保留原物的外部形态。常见的交替物质有二氧化硅(称"硅化")、方解石(称"钙化")、白云石(称"白云石化")和黄铁矿(称"黄铁矿化")等。

3. 碳化作用(升馏作用)

埋藏后生物遗体组分中的不稳定成分(H、O、N)经分解和升馏作用而挥发消失，仅留下较稳定的的炭质薄膜而保存为化石的过程叫碳化作用，又称升馏作用。例如植物的叶子，其主要成分为碳水化合物(C₆H₁₀O₅)，经升馏作用，氢、氧挥发逸失，仅碳质保存为化石。

四、化石的形成过程

生物从死亡到形成化石要经历多个阶段。研究生物自死亡后埋葬在沉积物中，随同沉积物经化石化作用形成化石的学科称为化石埋藏学(Taponomy)。从埋藏学角度可将化石的形成过程分为4个阶段，分别构成不同的群落。

1. 生物群落

生物群落是在一定区域或同一环境内各种生物居群相互结合的一种生物结构单元。这种单元结合松散，在其形成之前及形成之后并非固定不变，而是经常在演变着，但演变有规律，同时群落也具有相对的稳定性。

2. 死亡群(尸积群)

生物因各种原因死亡后尸体堆积形成死亡群(或称尸积群)。尸积群可能是属于同一生物群落的成分，也可能是由几个群落的成分死后的混合堆积，这主要受沉积物的沉积速度、环境稳定性、生物扰动等因素的控制。

3. 埋藏群

尸积群被埋藏后形成埋藏群，它可能是原地埋藏，也可能是迁移到异地埋藏或与其他群落的尸积群相混杂成为异地埋藏。一般生物死亡后只要在其所属群落生活的范围内埋藏则均属于原地埋藏。

辨别原地埋藏和异地埋藏的主要标志有：(1)原地埋藏的生物化石往往保存较完整，表面细微构造往往未遭破坏，关节及铰合衔接构造没有脱落，表面无磨损现象；异地埋藏的化石群，个体保存多不完整，硬体的各部分经搬运后常遭磨损。原地埋藏的化石个体大小极不一致，包含有不同生长发育阶段的个体；异地埋藏的化石个体由于在搬运过程中的分选作用，常常个体大小较一致。此外，生物保持原来生活时状态的为原地埋藏，异地埋藏的生物不保持其原来的生长状态。(2)遗迹化石大多为原地埋藏，除粪化石及蛋化石等可能为异地埋藏外，其他如足印、钻孔及潜穴等由于其铭刻在沉积物表面或内部，不能被搬运，故均为原地埋藏。(3)化石的生态类型与其沉积环境的一致性不同。原地埋藏的化石群所反映出来的生态特征与其围岩所反映出来的沉积环境相一致；异地埋藏的化石群所反映出来的生态特征常与围岩所反映出来的沉积环境相矛盾，或几种不同生态环境下生活的生物化石保存在一起。(4)不同时代的化石保存在一起时，老的化石应该属于异地埋藏。这种情况往往是由于保存在老地层中的化石被重新风化剥蚀出来，之后再次沉积到新地层中所造成的。

4. 化石群

埋藏群伴随着沉积物的成岩过程，经过物理作用和化学作用的改造而形成化石群。

五、化石的保存类型

依据保存特点，化石的保存类型可分为实体化石、模铸化石、遗迹化石和化学化石4种类型。

1. 实体化石(body fossil)

实体化石指古生物遗体本身保存下来的化石。(1)未变实体化石，也称完整实体化石，是在特殊的条件下，避开了空气的氧化和细菌的腐蚀，原来的生物硬体和软体完整地保存下来形成的化石。例如，1901年在西伯利亚第四纪冰期冻土层中发现的25000年前的猛犸象，不仅其骨骼完整，连皮、毛、血、肉，甚至胃中的食物也都保存完好[图1-1(a)]；又如我国抚顺煤田古近纪煤层中含大量琥珀，其中常保存有完美的昆虫化石，如蚊、蜂及蜘蛛等[图1-1(b)]。(2)变化实体化石，也称不完整实体化石，生物遗体经过不同程度的化石化作用，全部硬体或部分硬体保存为化石。这是最为常见的一类化石，如经充填、交替作用形成的蚌壳化石、脊椎动物骨骼化石，经升馏作用而成的笔石化石及植物化石等(图1-2)。

(a) 冻土中的猛犸象化石　　　　　(b) 琥珀中的昆虫化石

图1-1　未变实体化石

2. 模铸化石(mold and cast fossil)

模铸化石是生物遗体在岩层中留下的各种印痕和复铸物。虽然并非实体本身，但却能反映生物体的主要特征。按其与围岩的关系又可分为印痕化石、印模化石、核化石和铸型化石4种类型。

1) 印痕化石

印痕化石专指生物死亡后，遗体沉落在松软、细密底层上留下的印迹(图1-3)。生物遗体往往遭受破坏而消失。但这种印迹却反映该生物体的主要特征。如软躯体腔肠动物水母和蠕虫动物的印痕。

(a) 菊石化石　　　　　　　　　　　　　　　　(b) 腕足动物化石

图 1-2　变化实体化石

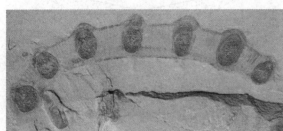
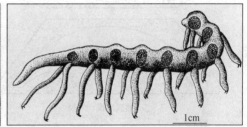

图 1-3　印痕化石（中华微网虫及其复原图）

2）印模化石

印模化石主要指生物硬体（如贝壳等）在围岩上印压的模，可分外模和内模（图 1-4）。外模是遗体坚硬部分（如贝壳）的外表印在围岩上留下的模子，它能反映原生物外表形态及构造。内模是指壳体内面印在围岩上留下的模子，它能反映生物硬体的内部形态及构造特征。外模和内模所表现的凹凸状况与原物正好相反。在外模和内模形成后，生物硬体被溶解，经压实作用使内、外模重叠在一起，形成复合模（图 1-5）。

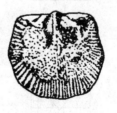
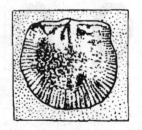

(a) 背壳外面视　　　　(b) 外模　　　　(c) 背壳内面视　　　　(d) 内模

图 1-4　腕足动物背壳及印模化石

3）核化石

核化石包括内核和外核。腕足动物和某些双壳动物壳体呈闭合状态保存时，壳内软组织腐烂消失，其空腔被沉积物充填，在充填物固结且壳瓣被溶蚀后，留下的内部实体称为内核（图 1-6）。内核的形状、大小和壳内空腔一样，能反映壳内面的构造。如果壳内没有充填物，当壳体溶蚀后，就留下了一个与壳同形等大的空间，此空间如再经充填和石化就形成了外核化石，外核的大小及壳饰与原物一样，但其内部已不具任何生物结构。

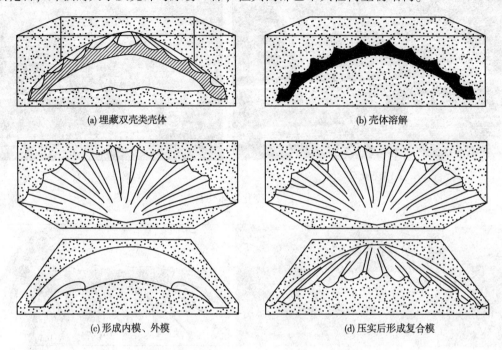

(a) 埋藏双壳类壳体 　　　　　　　　　　　　　(b) 壳体溶解

(c) 形成内模、外模 　　　　　　　　　　　　　(d) 压实后形成复合模

图 1-5　复合模形成过程（据 McAlester，1962）

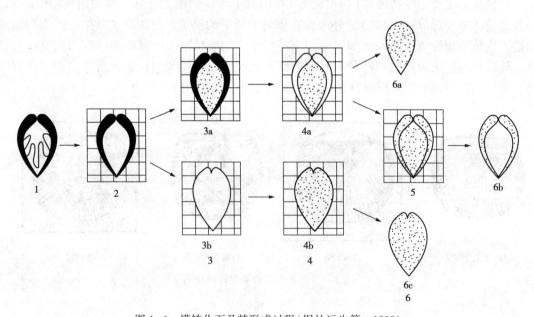

图 1-6　模铸化石及其形成过程（据杜远生等，1998）

1—双壳类壳瓣及内部软体；2—埋藏后软体腐烂；3a—壳内被充填；3b—壳瓣溶解；

4a—壳瓣溶解；4b—原壳体所占空间被充填；5—原壳瓣外被充填；6a—内核；6b—铸型；6c—外核

4）铸型化石

当壳体埋在沉积物中已形成外模和内核后，壳体被溶解形成的空间又被另一种矿物质充填，类似工艺浇铸一样，使填入物保持原物的形状和大小，这就形成了铸型化石。铸型化石反映的内部及外部的特征与原物一样，但其并无壳质的结构特征。

3. 遗迹化石（ichnofossils, trace fossil）

遗迹化石指保留在岩层中的古生物生活活动的痕迹和遗物（图1-7）。主要是古代生物生活活动时在底质（如沉积物）表面或内部留下的各种生物活动的痕迹，它们多属原地埋葬，很少与实体化石同时发现，主要为足迹、爬迹、蛋化石和粪化石等，如高级动物行走时留下的足迹、脚印，低级动物移动时留下的移迹，钻孔生物在石质底质中钻蚀的栖孔和在软底质表面或内部挖掘的潜穴等。粪团、粪粒、蛋、卵、珍珠、胃石等生物代谢、排泄、生殖的产物，甚至古人类使用的石器和骨器等遗物，均可称遗迹化石。遗迹化石是分析古地理环境的重要标志。

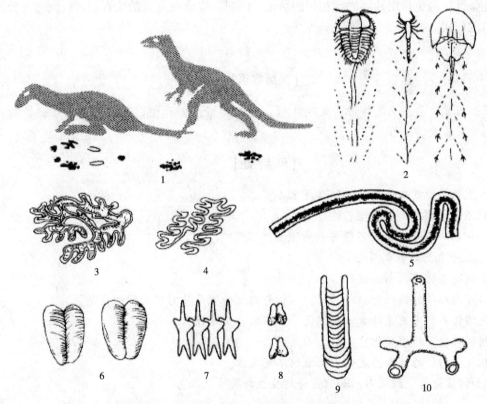

图1-7 遗迹化石（据夏树芳，1978；Seilacher，1970、1984；Ekdale 等，1984）
1—足迹；2—行迹；3、4—拖迹；5—爬行迹；6~8—停息迹；9、10—潜穴

4. 化学化石（chemical fossil）

残留在沉积物中的古代生物的有机分子，主要指组成生物体的一些有机物（如氨基酸、脂肪酸、蛋白质等），能未经变化或轻微变化地保存在各时代岩层中，且具有一定的化学分子结构，能证明古代生物的存在，这类化石称为化学化石（或分子化石）。研究化学化石对探讨地史中生命的起源，阐明生物发展演变历史具有特别重要的意义。

六、化石记录的不完备性

化石的形成和保存受到种种严格条件的影响和控制，因而各时代地层中所保存的化石只能代表地质历史中生存过的生物的一小部分。有人估计，古代生物每一万个个体中，可能只有一个个体变成了化石。据统计，现生生物有记录的物种约为170余万种，如果把世界上现生生物全部描记完毕估计有500~1000余万种。古生物化石目前有记载的物种仅为13万余种，约为已描述的现生物种总数的8.7%。如果再考虑到地质历史经历了几十亿年，其间生存过的生物应远比现代生物多，由此可见，地史时期中有大量生物是人类所未知的。这一数字说明了化石记录的不完备性。同时，还有一部分已形成的化石，在地层中尚未被发掘出来，这些有待发现的化石也表明，目前人们所观察到的化石资料是不完备的。也就是说，现今我们能够在地层中观察到的化石仅仅是各地史时期生存过的生物群中极小的一部分。这个事实提醒我们，当根据化石资料来研究古生物界的面貌及其发展规律时，必须考虑到化石记录的不完备性，避免作出片面的或错误的结论；同时，要珍视宝贵的化石记录，使之充分发挥其应有的作用。

【关键术语】

化石；石化作用；充填作用；置换作用；升馏作用；化石埋藏学；实体化石；模铸化石；遗迹化石；化学化石。

【思考题】

1. 古生物学的定义是什么？什么是化石？
2. 化石化作用有哪些类型？
3. 如何判别原地埋藏化石群与异地埋藏化石群？
4. 化石的主要类型有哪些？
5. 简述铸型化石的形成过程。
6. 简述内核与外核，外核与外模，内核与内模的联系及它们之间的区别。
7. 化学化石的定义是什么？研究化学化石的意义是什么？
8. 何谓硅化？何谓碳化？
9. 从化石形成的过程阐述化石记录的不完备性。
10. 如何区分真、假化石？如何区分现生生物与古生物？

第二章　生物分类与命名

【本章核心知识点】

本章主要介绍生物分类原则与方法，生物分类单位与等级、分类系统，生物命名方法。

（1）生物系统的基本分类等级为界、门、纲、目、科、属、种。其中，物种是生物分类的最基本单元，由构造、机能、习性相似的一个或多个居群所组成。

（2）古生物的命名遵循国际动植物命名法则。各级分类单位采用统一的科学名称（学名），一律用拉丁文或拉丁化的文字来命名。命名方法包括单名法、双名法、三名法等。

第一节　生物分类原则与方法

自然界古今生物种类繁多，特征各异。为了便于系统研究，必须进行科学的分类。将生物按一定级别划分并归类称为"分类"，研究分类理论、实践的学科称为"分类学"。根据生物的形态、生理、生化和生态等方面的异同和亲缘关系的疏密，加以分门别类，划分为各种不同类群，并给予统一的学名而建立分类系统，这就是生物分类学（Taxonomy）的内容。用分类方法将生物按一定关系排列起来，其序列称为系统。研究各类生物的发生、关系及演化中性状分异过程的学科称为系统学。分类过程不是随意的人为行为，而是建立在各类生物系统演化关系之上的，所以分类学和系统学紧密相关。

生物分类的方法归纳起来不外乎两种：一种是系统发生分类，另一种是人为分类。系统发生分类（phylogenetic classification），也叫自然分类（natural classification），是建立在生物之间真正的亲缘关系基础之上，按照生物的亲缘关系所作的分类。生物的种类是长期进化的产物，彼此间存在或远或近的亲缘联系，可形成或大或小的自然类群。系统发生分类就是要反映这个客现存在的、由进化而形成的自然系统。但是，古生物分类研究中，由于化石记录不完备、化石保存常不完整或亲缘关系不明，要了解古生物的自然分类系统是不容易的，所以，有时只能依据化石之间某些形态上表面的相似性对化石进行人为分类，这样进行的分类称为人为分类（artificial classification）。

生物及化石可以按照各种各样的标准和方法进行分类，但是古生物学和今生物学都追求系统分类能符合自然的客观性，即同一分类单位内的成员应具有共同的祖先并有直接的亲缘关系，其性状分异程度也很小。古生物学的分类系统都是以化石形态和结构上的相似程度为基础的，这种分类最大的优越性在于它是以许多形态学上的相似性和差异性的总和为基础的，并基本上能反映生物界的自然亲缘关系，因而被称为自然分类系统。按照这种分类方法，把具有共同构造特征的生物（包括化石）归为一类，而把具有另外一些共同特征的生物归为另一类。

1. 模式法分类

早期的分类方法多以模式法为主，通过确定某分类单元的"模式"（模式标本或模式种）

来鉴定属种，认为一个种只需要一两个模式标本即可构成种的特征依据，其他标本通过与模式标本的形态比较来确定是否为同一个种。只有与该种的"模"有足够相似性的个体才能归属到该物种。这种分类的优点是应用方便，但分类标准只能人为的决定，不同的人可以有不同的标准、不同的归类，实际上否定了物种存在的客观性。这种方法强调物种的稳定性，忽视其变异性，不考虑其亲缘关系。随着对物种概念认识的提高，这种具有忽视变异、缺乏亲缘关系等缺陷的分类方法已逐渐被其他分类方法所弥补。

2. 综合系统分类

以达尔文进化论和现代生物种的概念为基础，划分分类单元的主要依据是形态总体相似性的程度及共同祖先的亲密程度。

3. 数值系统分类

根据生物表型性状（显性基因在环境中表现出的性状）的总体相似性来分类。两个种亲缘关系越近，其共有的性状就越多。性状上的相似性被假定反映了其具有共同的基因，因此相互关系意味着遗传关系。

4. 分支系统分类

分支系统学是以系统发育为基础的生物分类方法，认为生物分类应先弄清各系列的亲缘关系建立分支，区分原始特征（祖征）与衍生特征（裔征），然后建立由祖先种一分为二形成姊妹群的谱系关系。强调按亲缘关系所确定的分支进行分类，总体相似性必须服从亲缘关系。当总体相似性和亲缘关系不等同时，要以谱系关系为标准。

第二节　生物分类等级与命名

一、生物分类等级

生物系统的基本分类等级为界（Kingdom）、门（Phylum）、纲（Class）、目（Order）、科（Family）、属（Genus）、种（Species）。为了满足更精细分类的要求，还可以在这些基本分类等级间加入辅助分类等级，如超纲、超目、超科、亚门、亚纲、亚科、亚属、亚种等。

例如人类的分类位置为：

界（Kingdom）	动物界（Animalia）
门（Pyhlum）	脊索动物门（Chordata）
亚门（Subpyhlum）	脊椎动物亚门（Vertebrata）
纲（Class）	哺乳动物纲（Mammalia）
亚纲（Subclass）	真兽亚纲（Eutheria）
目（Order）	灵长目（Primates）
超科（Superfamily）	人超科（Hominoidea）
科（Family）	人科（Hominidae）
属（Genus）	人属（*Homo*）
种（Species）	智人（*Homo sapiens*）

种（物种，Species）是生物分类的最基本单元，它不是人为规定的单位，而是生物进化过程中客观存在的实体。生物学上的物种是由通过基因交流可产生可育后代的一系列自然居

群组成的，它们与其他类似机体在生殖上是隔离的。同一物种有共同的起源，共同的形态特征，分布于同一地理区且适应于一定的生态环境。古生物学中化石物种的概念与生物学上的物种概念相同，但由于化石无法判断是否存在生殖隔离，因此，在古生物学研究中，判别化石种时主要强调以下几个方面的特征：(1)共同的形态特征；(2)构成一定的居群，具有一定的生态特征；(3)分布于一定的地理范围内。在实际分类工作中，化石种的确定大多依据形态特征而定，通常在模式标本的基础上，运用统计学的方法对其形态变化进行分析，并结合其时代、地理分布等来确定种的范围。所谓的模式标本是指在新种发现时被作者认定属于新种的标本，包括作者指定的正模和副模。根据以上特征判定的化石种与生物种一样都是自然的基本分类单位。有些种内由于居群的变异积累，可区分为亚种或变种。不同居群因地理隔离在性状上出现分异可产生地理亚种；在古生物化石中由于地质年代不同而显示的种内性状特征的分异可构成年代亚种。

　　属(Genus)是种的综合，由若干形态、构造、生理特征近似且具有共同系统发育的种，或仅由一个具有独特特征的种组成。一般认为属也同样应是客观的自然单元，代表生物进化的一定阶段。在化石材料中，常有生物体的各个部分分散保存在地层中，往往难于判定它们原先是否生长在同一生物体上，因此只依据形态的相似性建立属种名称，称之为形态属。在很多情况下，常将形态相似但不属于一个科的化石或其分散保存的器官化石纳入属内；同时，也将同一科内的分散保存的器官分别建立器官属。在同一形态属名下可能包括来源不同、甚至亲缘关系十分疏远的生物。

　　属以上的分类，由于分类原则不一，持不同观点的学者往往有各自的分类方式，受人为因素的影响较大。

二、古生物的命名

1. 命名法则

古生物和现代生物一样，根据国际动物或植物命名法则，各级分类单位都采用统一的科学名称，即学名(science name)。为了便于交流，规定一律用拉丁文或拉丁化的文字来命名。生物的有效名称是指一个分类单元的正确名称，在命名法上是可用的，在分类上是有效的。

1) 优先律

任一生物分类单元的有效名称都应符合国际动植物命名法则(1961)规定的最早发表的名称。某一分类单元如被给予不同的名称(同物异名)，按优先律确定其中最早发表的有效名称为正确名称，其余名称应废止。

2) 同名律

同一级别的不同分类单元被命名为相同名称时(异物同名)，仅最早发表的名称(首同名)被认定为有效名称，而后发表的名称(次同名)则必须另改新名。

2. 命名方法

1) 单名法

属及属以上的分类单位，用一个拉丁文(或拉丁化)名称来命名。首字母要大写，属名称要斜体，属以上分类单位名称要正体。

例：*Redlichia*(莱德利基虫)；*Mammuthus*(猛犸象)

2）双名法

种的学名由种本名和它所属的属名组合而成，属名在前，种本名在后，全部斜体，属名首字母大写，种本名字母小写。

例：*Homo sapiens*（智人）

　　属名　种名

3）三名法

亚种的命名采用三名法，即在属和种名之后，再加上亚种名，亚种名全部斜体，属名首字母大写，种本名和亚种名字母小写。

例：*Fusulina quasicylindrica compacta*（似筒形纺锤䗴紧卷亚种）

另外，为了查阅方便，在各级名称之后，用正体字写上命名者的姓氏和命名时的公历年号，两者间以逗号隔开。

例：*Cypridea qinglingensis* Zhang，1991

　　属名　　　种名　　　命名者 命名年代

属、种学名的含义，可代表古生物的突出特征，如 *Cyrtospirifer*（弓石燕）；或以产地命名，如 *Yunnanella*（云南贝）；或用以纪念知名学者或发现该属、种的人，如 *Yatsengia*（亚曾珊瑚）是为了纪念年轻有为的古生物学家赵亚曾。科名、目名往往采用典型属名的词干，加一固定词尾组合而成。科和亚科的词尾在动物名称中分别为 -idae、-inae；植物则分别为 -aceae、-oidae。例如来自属名 *Fusulina* 的科和亚科，分别写成 Fusulinidae（纺锤䗴科）和 Fusulininae（纺锤䗴亚科）。"目"的词尾在动物名称中一般为 -ida，如 Fusulinida（纺锤䗴目）。

命名一个新属或新种时，一般以描述属种的某一明显特征为最理想。若以地名命名，通常指明该属种的模式产地。

发表一个新属或新种时，除有详细的描述、鉴别特征，比较讨论产地、层位等外，还要附以能显示其典型特征的图片，并指定模式种或模式标本。同时，还必须在名称后用拉丁文标记为 gen. nov.（新属）和 sp. nov.（新种）。

3. 命名语言

1）拉丁语

拉丁语原为意大利中部拉丁部族的语言，后来成为罗马帝国的国语，现仅为梵蒂冈的官方语言。按照国际动植物命名法规的要求，生物名称必须是拉丁词或由希腊词等加以拉丁化的词。若名称为复合词，则构词成分应是同源的，即同为拉丁词和同源于希腊词。

拉丁语中共有25个拉丁字母（表2-1），缺英语中的"W"，分单元音（a、e、i、o、u、y）、双元音（ae、oe、au、eu）、单辅音（b、c、d、f、g、h、j、k、l、m、n、p、q、r、s、t、v、x、z）和双辅音（ch、ph、rh、th），共有9种词类，与生物命名关系较大的是名词和形容词。名词和形容词都有单数、复数、阳性、中性、阴性和6种变格。第一格（主格、原形）多用于属及属以上的分类单元，第二格（所有格）常用作种本名。形容词一般不能单独使用（如单独使用，则为形容词当名词使用），常跟随在所修饰的名词的前后，并且与所修饰的名词要在性、数、格上一致。

表 2-1 拉丁语字母表及其发音(25 个)

大写字母	小写字母	名称(国际音标)	发音(国际音标)	大写字母	小写字母	名称(国际音标)	发音(国际音标)
A	a	[a:]	[a]	N	n	[en]	[n]
B	b	[be]	[b]	O	o	[ou]	[o]
C	c	[tse]	[ts]/[k]	P	p	[pe]	[p]
D	d	[de]	[d]	Q	q	[ku]	[k]
E	e	[e]	[e]	R	r	[er]	[r]
F	f	[ef]	[f]	S	s	[es]	[s]
G	g	[ge]	[g]	T	t	[te]	[t]
H	h	[ha:]	[h]	U	u	[u:]	[u]
I	i	[i]	[i]	V	v	[ve]	[v]
J	j	[jot]	[j]	X	x	[iks]	[ks]
K	k	[ka]	[k]	Y	y	[ipsilon]	[i]
L	l	[el]	[l]	Z	z	[zeta]	[z]
M	m	[em]	[m]				

2)常用缩写词

在确定古生物的分类单元时,由于文献资料不足或化石标本保存不好等原因,鉴定者不能准确地确定所鉴定标本属于某已知分类(常指种)或新种时,常使用一些拉丁语缩写词。

(1) cf. (conformis,相似),相似种,表示鉴定种与某已知种在形态上有一定程度的相似性,但不能肯定属于该种,则在种本名前加上"cf.",例如 *Halobia* cf. *austriaca*(奥地利海燕蛤相似种)。

(2) aff. (affinis,亲近),亲近种,表示与某已知种似有亲缘关系,但在形态特征上尚有差别。由于材料不足等缘故,还不足以建立新种,则在最接近的那个种的种本名前加"aff.",例如 *Ferganoconcha* aff. *estheriaeformis*(叶肢介形费尔干蚌亲近种)。

(3) sp. (species,种),未定种,表示标本经鉴定后不能归入任何已知种,但新建种材料不足,无条件建立新种,则在属名之后加"sp.",例如 *Redlichia* sp. (莱德利基虫未定种)。

(4) sp. indet. (species indeterminata,不能鉴定的种),不定种,表示标本材料保存很差,不能鉴定到种,则在属名后加"sp. indet."。如果属亦不能鉴定,则可在较高分类单位的名称后加"gen. et sp. indet."。

(5) sp. nov. 和 gen. nov. 分别为 species nova(新种)和 genus novum(新属)之意,加在新命名的种名或属名之后。如果属、种都是新的,则在用种名之后加"gen. et sp. nov."。发表新属时要指定模式种,即指定该属中一个最有代表性的种作为该属建立的依据;发表新种时则要指定模式标本,作为描述新种主要依据的单一标本为正模,其他作为正模的补充标本,为副模。

第三节 生物的分类系统

整个生物界(包括现生生物和古生物)可以根据其固有的性状特征之间的异同关系,归纳为一个统一的多级别的分类系统。

一、生物的分界

1. 两界系统

人类很早就注意到自然界生物可区分为两大类群，即固着不动的植物和能行动的动物。1735年，林奈以肉眼所能观察到的特征进行区分，以生物能否运动为依据将生物分为植物界和动物界两大类。

2. 三界系统

1859年，达尔文的《物种起源》一书出版后，德国生物学家、进化论者海克尔（E. Haeckel）于1886年提出一个新的生物分类系统，把生物界分为植物界、动物界和原生生物界三界。原生生物界包括原核生物(细菌、蓝藻)、单细胞真核生物。

3. 四界系统

1938年，科普兰提出四界系统的观点，把生物界划分为菌界(包括细菌和蓝藻)、原生生物界、植物界和动物界。

4. 五界系统

1969年，惠特克根据细胞结构和营养类型将生物分为五界，即原核生物界、原生生物界、真菌界、植物界和动物界。

二、生物界谱系特征

系统树是生物界的"家谱"。生物种类繁多，历史久远，它们彼此之间的关系十分复杂。当代生物化学、分子生物学及古生物学等多学科的研究不断为探寻生物亲缘关系提供了新的资料，因而生物系统树也不断得到补充和修正。

林奈的两界分类系比较简便，长期以来被广泛地接受和应用，相沿成习，尤其在古生物学研究中，由于能够获得的化石资料多数只能分辨为植物和动物两界系统，因此曾被普遍认可。但是，目前生物的五界分类系统已为多数专业学者所接受(表2-2，图2-1)。

表2-2　生物的五界分类系统

分类系统	特　征	类　别	代表生物
原核生物界(Monera)	无明显的细胞核，没有膜包被的细胞器，微小的单细胞生物	古细菌、细菌、蓝细菌等	大肠杆菌、螺旋藻
原生生物界(Protista)	真核，单细胞或多细胞群体，大部分生活在水环境中	原生动物类、真核藻类、黏菌	草履虫、小球藻
真菌界(Fungi)	真核，但无叶绿素，不能进行光合作用	霉菌、担子菌	青霉、木耳、猴头菇
植物界(Plantae)	真核，多细胞，具有根、茎、叶和繁殖器官的分化，光合自养	苔藓植物、蕨类植物、裸子植物、被子植物	各种植物

续表

分类系统	特　　征	类　　别	代表生物
动物界(Animalia)	真核、多细胞，异养，无细胞壁，大多数组织和器官发达，能运动	海绵动物、腔肠动物、环节动物、软体动物、节肢动物、脊索动物等	各种动物

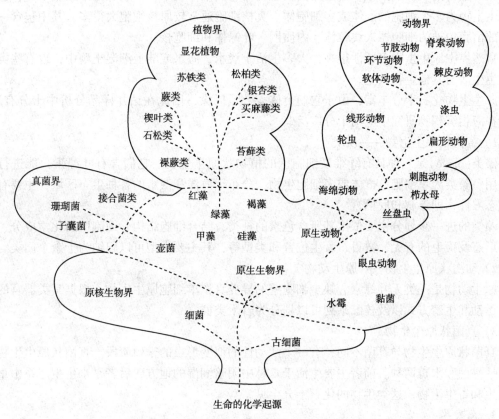

图 2-1　生物的五界分类系统(据 Enger 等, 2003)

1. 原核生物界

原核生物界是没有细胞核的单细胞生物，主要为细菌和蓝绿藻。凡细胞不具真核，仅为原核结构特征的生物均为原核生物，包含古细菌类和真细菌类的原核细胞生物，其在细胞组成上缺少细胞核和有膜包被的细胞器。在地质历史时期，原核生物出现最早，在 33 亿~35 亿年前就产生了厌氧的细菌类，现代生存的原核生物主要包括细菌(真细菌)、放射菌、古细菌和原绿藻等。但它们依然是现在自然界中数量巨大且分布广泛的生物类群。原核生物通常个体度比较微小，长度一般仅为一至几微米，大多为球状、杆状或螺旋状，如念珠藻(*Nostoc*)、鱼腥藻(*Anabaena*)。

古菌类是一类特殊的原核生物，它们往往生活在厌氧的沼泽、盐湖、酸性温泉或动物消化系统等极端环境中。真细菌分布非常广，在其细胞结构上往往有一些特殊化的鞭毛或纤毛，以利于这些细小生物适应潮湿的环境或附着在一些特殊有机体的表面。蓝细菌又称为蓝藻，是一类可以进行光合作用的原核生物，常常在富营养化的污染水体中大量繁殖而形成水华现象。

早期地层记录中的生命痕迹大多属于古细菌和真细菌。蓝细菌在叠层石(stromatolites)的形成中起着十分重要的作用。蓝细菌的细胞在前寒武纪叠层石中就可以观察到,原核生物也是寒武纪后叠层石的主要贡献者。

2. 原生生物界

原生生物是一些最简单、原始的真核生物。它们个体较小,一般都是单细胞个体,也有些原生生物为多个细胞的群体或多细胞体。真核细胞通常较原核细胞大得多,其中包含一些专门的由膜包被的细胞器入线粒体、内质网、叶绿体和细胞核。

自然界中原生生物多样性很高,大多生活于淡水、海水或陆上潮湿土壤中,也有些类型营寄生生活与其他生物共生。

原生生物化石十分丰富,由于它们个体、数量巨大,因此在钻井样品分析中十分有用,尤其在海相沉积物研究中应用十分广泛。

1)植物状原生生物——藻类

藻类(algae)是一种具有纤维素细胞壁的植物状原生生物。它们含有叶绿素,能进行光合作用。藻类为单细胞、群体或多细胞生物,分布于海洋和淡水的各种生态区域,主要有两种生态习性,即浮游和底栖。

藻类的进一步划分主要依据其所含色素的种类,结合细胞结构、细胞壁的化学成分、生物体形态及鞭毛的有无、数目、着生位置和类型等,其主要类型可以归纳为十余个门类。

2)动物状原生生物——原生动物

原生动物是一类无叶绿素、缺少细胞壁的异养真核单细胞原生生物。根据其类器官的结构、运动和生殖方式以及核酸系列可以划分为若干类群。

3)真菌状原生生物

真菌状原生生物与真菌不同,有一个活动性的似变形虫的繁殖阶段。真菌状原生生物主要包括黏菌和水霉两种。前者主要生活于森林中阴暗潮湿的地方,后者是水生生态系中重要的腐生和寄生生物。这类生物的化石十分罕见。

3. 真菌界

真菌是低等的真核生物,只能直接从外部环境吸收化学物质进行营养代谢并获得能量。真菌的细胞内不含光合色素,也无质体,是典型的异养生物,如蘑菇、木耳等。真菌化石最早出现于前寒武纪,但除了真菌孢子化石在中新生代地层中较为常见外,它们的菌丝体主要保存在一些黑色燧石层和某些藻类化石体内。

另外,某些真菌的菌丝体和藻类或蓝细菌共生形成一种特殊的共生体,称为地衣(lichens)。最早的地衣化石出现于前寒武纪末期,现在地衣在各种环境中广泛生长,从寒冷的北极到炽热的沙漠地区均有分布。

4. 植物界

植物是适应陆地生活、具有光合作用能力的多细胞真核生物。植物可以依靠叶绿素等色素进行光合作用,将无机物转化为有机物并获得能量且营自养生活。植物具有根、茎、叶等器官的分化,这有利于它们在陆地环境中吸收水分和养分,并高效地进行光合作用。

根据适应陆地生活的能力和进化的形态,植物可明显分为苔藓植物、蕨类植物、裸子植物和被子植物4类。由于苔藓植物和蕨类植物形成孢子,不具有种子,故称孢子植物(spore plants）；裸子植物和被子植物都有种子，合称为种子植物（seed plants）。在蕨类植物、裸子植物和被子植物中有逐渐发达的维管组织，故统称为维管植物。

5. 动物界

动物是靠捕食其他生物获得能量且能运动的生物。动物一般都具有运动能力并表现出各种行为，且为异养，体内消化。人们在自然界所观察和记述的生物中，大约有 2/3 以上的种类属于动物。一般根据其是否有脊椎可以划分为两类，一类是无脊椎动物，另一类为脊椎动物。动物界中大多数门类属于无脊椎动物，它们的进一步划分主要以动物体组织结构的分化及其功能器官的发育特点为依据。

古生物是地质历史时期曾经生活过的生物，因此古生物采用与现代生物一致的分类体系。对于古生物学研究来说，植物界、动物界及少数原生生物界的化石最为常见且得以为人们所认识和深入研究；而对于原核生物界和真菌界，虽然由它们产生的沉积物广泛存在，但它们的生物体在化石记录中十分罕见，因而主要是通过现代生物进行认识。

【关键术语】

自然分类；优先律；单名法；双名法；三名法；物种；地理亚种；年代亚种。

【思考题】

1. 古生物分类的主要方法有哪些？
2. 什么是生物的学名？如何对一个生物类别进行正式命名？
3. 生物的基本分类等级有哪些？亚种的含义是什么？
4. 简述古生物的命名原则。
5. 如何处理古生物学中同物异名和异物同名的问题？
6. 简述古生物的分类系统。
7. 古生物命名中，sp. 与 sp. indet. 有什么不同？aff. 与 cf. 有什么差别？
8. 简述生物的分界及其与生物系统发生的关系。

第三章　生命起源与生物进化

【本章核心知识点】

本章主要阐述生命起源与生物进化，物种形成，生物进化的特点与规律。

（1）生命起源和生物进化的历程大致经历了元素演化、化学演化和生物学演化的过程。

（2）生物进化总是按照一定的模式进行的，从化石记录来看，主要有趋异和辐射、趋同和并行以及特化等。

（3）生物演化的总体特征是由低级到高级、由简单到复杂的进步性发展；由少到多的分支性发展；阶段性与连续性相结合的阶段性发展。

第一节　生命起源和生物进化的历程

一、生命的本质与生命起源的机制

1. 生命的本质

地球是一个充满生命的行星。到底什么是生命？对此不同的人有各种不同理解。信奉宗教者笃信"神的创造"和"灵魂"的存在，机械论者将生命现象与非生命现象视作完全等同，诸如此类的观点都不可能使人真正了解生命的本质。人类历史上第一个从辩证唯物主义观点揭示生命本质属性的是德国社会学家恩格斯（F. Engels，1878），他在《反杜林论》中指出："生命是蛋白体的存在方式，这种存在方式本质上就在于这些蛋白体的化学组成部分的不断自我更新。"简而言之，生命的基本特征就在于蛋白体（目前的理解为类似于原生质的核酸，蛋白质体系）具有的新陈代谢能力。这种能力是任何非生命都不具备的，所以生命是物质运动的最高形式。生命是高度组织化的物质结构，其分子基础是具有自我复制和具有负载遗传信息功能的核酸等生物大分子，其通过生物膜实现内部及内外的分隔，形成形形色色的细胞、组织与生物体，并通过一系列相互关联的生物化学过程而实现内外物质交换和自身的复制。简单而言，生命就是指不断与外界进行物质交换、能够进行自我复制和新陈代谢作用的有机体。

总之，生命是具有新陈代谢和遗传复制功能的体系。这个体系中，从最简单的单细胞生命体到最复杂的人体，都具有上述两个基本功能。生命（生物）与非生命（非生物）之间并不存在不可逾越的鸿沟，构成生物体的50余种元素在非生物界里同样存在，说明两者有着共同的物质基础。

2. 生命起源的机制

地球上的生命，包括现在人们看到的细菌、动物和植物，是怎么来的？这属于生命起源探讨的问题。生命起源，作为当代自然科学三大基本理论（天体演化、物质结构和生命起源）问题之一，它始终吸引着许多地质学家、生物学家、生物化学家和天文学家等的浓厚兴趣，也曾经引起哲学家的关注。近百年来，随着自然科学的进步，人们对生命起源问题的研究也取得了相应的进展。

有关生命的起源，曾经出现过 3 种不同的认识。第一种观点认为地球上一切生命都是上帝创造的，即神创论；第二种观点认为生命来源于宇宙，地球上的生命起源于地球之外，即宇宙论；第三种观点认为地球上的生命起源于地球自身的演化过程，由无机物 C、H、O、N、S 等元素在特殊的条件下通过化学途径实现，即自然起源论。

1）宇宙论

生源说（胚种说）认为生命来源于宇宙，坚持这一观点的人认为地球上的生命起源于地球外部。过去人们曾认为，星际空间不存在任何物质，是绝对的真空。20 世纪 50 年代以来，由于红外技术和射电观测技术及实验波谱研究手段的进步，越来越多的星际物质被探测出来。特别是 1969 年斯奈德（L. E. Snyder）观测到有机分子甲醛（HCHO）的 6cm 谱线，轰动了世界，被誉为 20 世纪 60 年代天体物理的重大发现，他的发现还激发了天文学家探索星际分子的热情。

到 1991 年，已发现 92 种星际分子，2000 余条分子谱线。最新的研究是美国伊利诺斯州立大学射电天文学家路易斯·辛德通过频谱在靠近银河系中心的星云中发现了生命分子——氨基酸，这一发现为解释生命的起源问题提出了一种新的思路。星际有机分子的普遍存在启示我们，在宇宙的恒星体系中，具备产生生命条件的行星（类地球）为数不少，在那些行星上必然会出现生命，乃至进化为智慧生物。因此，探索宇宙生命将是人类在认清自己后的下一个探求目标。

彗星是一种很特殊的星体，与生命的起源可能有着重要的联系。彗星中含有很多气体和挥发成分。根据光谱分析，这些成分主要是 O_2、CN、O_3，此外还有 OH、NH、NH_2、CH、Na、C、O 等原子和原子团。这说明彗星中富含有机分子。许多科学家注意到了这个现象：也许，生命起源于彗星！

1990 年，NASA 的 Kevin. J. Zahule 和 Daid Grinspoon 对白垩纪—第三纪界线附近地层的有机尘埃作了这样的解释：一颗或几颗彗星掠过地球，留下的氨基酸形成了这种有机尘埃。并由此指出，在地球形成早期，彗星也能以这种方式将有机物质像下小雨一样洒落在地球上——这就是地球上的生命之源。

陨石是落到地面的流星体，是太阳系内小天体的珍贵标本。因此，研究陨石对研究太阳系的起源和演化、生命起源提供了宝贵的线索。陨石分为两类：球粒陨石和非球粒陨石。球粒陨石对生命起源有比较重要的意义。它们只可能来自宇宙，不仅含有氨基酸，还有烃类、乙醇和其他可能形成保护原始细胞膜的脂肪族化合物。生物化学家 David. W. Dreamer 用默奇森陨石中得到的化合物制成了球形膜即小泡，这些小泡提供了氨基酸、核苷酸、其他有机化合物，以及其进行生命开始所必需的转变环境。也就是说，当陨石撞击地球时，产生了形成生命所需的有机物及必须的环境——小泡。和生命起源于彗星的理论一样，这是一种新的天外起源说。另外，康奈尔大学的 C. Hyba 指出，撞击也可以以其他方式提供生命所需的原材料：来自一次陨石撞击的热和冲击波可以在原始大气中激发起合成有机化合物的化学反应。但目前还没有关于外星球上存在生物的确切证据。

2）自然起源论

多数学者认为，生物的形成和发展是在地球上进行的，即自然起源论。他们认为，地球上的无机物在特定的物理、化学条件下，形成了各种有机化合物，这些有机化合物再经过一系列的变化，最后转化为有机体。关于生命是如何在地球上起源的，曾出现过不同的观点，如深海烟囱起源说、原始生命的"有机汤"、生物单分子说以及火山起源说等。

随着深海探测的深入研究，特别是 20 世纪 70 年代对加拉帕戈斯群岛（Galapagos Islands）洋中脊的火山喷口的研究，表明海水在深海烟囱（Deep-sea Vent）中经历了巨大的温度和化学梯度的变化，可能形成多种溶解物，包括原始生物化学物质。深海烟囱巨大的热量，可以产生在大陆火山区里产生的那种缩合物。因此，美国霍普金斯大学的地质古生物学家斯坦利（S. M. Stanly, 1985）提出生命的深海烟囱起源说。在洋中脊，深海烟囱与炽热岩浆直接连通，温度高达 1000℃，使周围海水沸腾，冒出的滚滚浓烟里富含金属、硫化物，热水中富含 CO_2、NH_3、CH_4 和 H_2S，这是一个既有能量又有生命起源所必需的物质的还原环境，于是有机化合物在这里产生，并且按照温度递降出现了一系列化学反应梯度区。由 H_2、CH_4、NH_3、H_2S、CO_2 经高温化合形成氨基酸，继而硫和其他复杂化合物形成多肽、核苷酸链，进而形成似细胞体的合成物。有趣的是，这些成分在高热作用下发生化学反应合成了硫细菌。鉴于现代深海形成硫细菌的事实，斯坦利推想，在太古代绿岩带里面也一定存在类似于现代深海洋中脊的地质条件，存在深海烟囱，生命化学合成的一系列反应就在那里发生，生物有机高分子在那里缩合而成，最后原始生命就在那里诞生。据美国《华盛顿邮报》报道（1992），加利福尼亚大学洛杉矶分校的分子生物学家詹姆士·莱克在大洋底烟囱附近找到了在黄石公园热泉里生存的嗜硫细菌，为海底烟囱热泉生命起源的非常规理论提供了证据。

简单的有机合成在地球形成之初就开始了，主要发生在大气圈中，所形成的简单低相对分子质量有机物与地壳表面的水体作用，形成含有机化合物的水溶液，在某些火山活动区域有可能形成浓的溶液。这些稀的和浓的溶液最终汇集到大的水体或原始海洋中。这就是现今流行的观点：生命起源于早期地球"温暖小水池"的"有机汤"中。

在原始地球条件下，生物单分子是从无到有被创造出来的，即由生命元素在外动力（能源）的推动下，通过无机化合而成。生命元素在原始地球的大气中广泛存在，外动力的存在无疑也是不成问题的。现在的研究资料表明，放电、紫外线、热能都可以促使生命元素合成生物单分子。所以，原始大气是生物单分子的诞生地，并使生物单分子在原始地球上普遍分布，从而能使其中一部分生物单分子在一定条件下形成生物大分子。第一个模拟原始大气进行放电实验获得氨基酸的是米勒（S. L. Miller, 1953）。

原始地球火山活动频繁，形成局部高温缺氧的地区，使附近水池里的有机物形成大量的氨基酸和核酸。当水池由于高温蒸发干枯时，氨基酸弱聚合脱水反应形成多肽等高聚物，后由雨水搬运到海洋，氨基酸自我装配形成蛋白质。这样，就为生命起源提供了所需的有机分子，即所谓火山起源说。

二、生命起源和生物进化的历程

1. 早期生物的发生与进化

保存于地球上前寒武纪岩石中的化石为最早期生物的演化提供了证据。这些化石证据表明早期生物演化存在四大飞跃：一是从非生物的化学进化发展到生物进化；二是生物的分异；三是原核生物向真核生物的演变；四是后生动物的出现。

尽管地球年龄约为 46 亿年，但生物化石仅在 38 亿年前的地层中被发现。在南非东部

Barberton 镇的无花果树组的燧石(年龄约为 38 亿年)中发现了许多有机体,从中分离出了棒状的 *Eobactewrium islatum* 和球状的 *Archaeospheroides barbertonensis* 单细胞生物,前者可以和现代许多细菌的细胞壁结构和大小相比较。球状生物较大,直径为 17~20μm,可能是一些藻类的演化先驱。此外,在西澳大利亚皮尔巴(Pilbarn)地质时代为 35 亿年的 Warrawoona 群碳质燧石中发现了叠层石的丝状细菌。在南非昂威瓦特系(Onverwacht Series,距今约 34 亿年)发现了可能为蓝藻和细菌的球形或椭圆形有机体。以上这些最早的化石记录就是从非生物的化学物质向生物进化转变时出现的最早生物。

早期生物演化的第二次飞跃是其分异即多样性的增加。这可以通过加拿大 Ontario 西部苏必利尔湖沿岸的前寒武纪 Gunflint 组中发现的生物化石得到证明。Gunflint 组的燧石形成于约 20 亿年前,其间出现了 8 属 12 种微化石。数量最多的是具丝状结构的微化石,据其形态可分成 1 属 5 种,它们很像现代蓝绿藻中具丝状结构的 *Oscillatoria*,且其中一个属与现代的氧化铁细菌 *Crenthrx* 相似。第六个属的微化石为 *Eoastrion*,由星状和放射状排列的丝状体组成,与现代和古代的生物无明显的相似性,但在某些方面相似于氧化铁锰的 *Metallogenium personatum*。最为特殊也最多的为 *Kakabekia*,它有一个具短柄的球茎,上面有一个类似伞状的构造,这部分构造的大小随种而不同。第八个属的有机体为 *Eosphaera*,由内、外两个同心层组成。这些生物的存在证实,经过 10 亿年的演化,原核生物已发展到相当繁盛的程度,这可能与后期富氧大气圈的出现有关。

早期生物演化的第三次飞跃是从原核生物演化出真核生物。在澳大利亚北方 Amadens 盆地的 Bitter Springs 组的隧石(年龄约为 10 亿年)中,发现了 4 个属的微化石。其中一个属像丝状的蓝绿藻,类似现代的 *Oscillatoria* 和 *Nostoc*。另外 3 个属保存的内部结构像绿藻(真核生物)而非蓝绿藻。进一步的研究证实,此处共有 3 个像细菌的种,20 个可能是蓝绿藻的属和 2 个绿藻属,2 个菌种和 2 个有疑问的生物,其中的一个绿藻为 *Glenobotrydion aenigmatis*。在我国华北雾迷山组的黑色燧石(距今约 12 亿~14 亿年)中发现真核的多核体型藻类,属于绿藻纲管藻目多毛藻科。此外,在印度、美国、加拿大等国家时代大体相同的地层中均有发现真核生物,说明此时真核生物已较多。在我国距今 17.5 亿年的串岭沟组中,已发现了属于真核生物的宏观藻类(可能为 *Vendotaenides*),这表明真核生物的出现大约在 18 亿年前,只是此时仍以蓝绿藻和细菌等原核生物为主,而真核生物的繁盛在 10 亿年前。

一般认为后生动物出现在 6 亿~7 亿年前,主要是软躯体的腔肠动物、蠕形动物中的一些门类。澳洲南部埃迪卡拉庞德砂岩中的埃迪卡拉动物群就是一个代表。埃迪卡拉动物群(其年代范围为距今 5.9 亿~7 亿年)中,67%是腔肠动物,包括水母、水螅、锥石、钵水母类的其他类别;环节动物占 25%;节肢动物占 5%;此外还有其他亲缘关系不明的化石和痕迹化石。该动物群分子在西南非洲纳马群、加拿大的康塞普辛群、西伯利亚北部文德系及我国的震旦系等都有发现。

2. 显生宙生物的进化

显生宙生物演化的形式不同于早期生物进化。

1) 动物界的第一次大发展

震旦纪末期出现了具外壳的多门类海生无脊椎动物,称小壳动物群,在寒武纪初期极为繁盛。其特征是个体微小(1~2mm),主要有软舌螺、单杯类、腕足类、腹足类及分类位置不明的棱管壳等,代表分子有 *Cricotheca*、*Siphogonuchites* 等。小壳动物群处于一个特殊的阶段，它是继震旦纪晚期的埃迪卡拉动物群之后首次出现的带壳生物，动物界从无壳到有壳的演化是生物进化史上的又一次飞跃。

值得注意的是，在我国云南澄江地区的寒武系底部有一无硬壳生物群和小壳动物群的混生带，称为澄江动物群，它代表了埃迪卡拉动物群向小壳动物群的过渡。澄江动物群是我国古生物领域的重大发现之一，震动了国内外地质古生物界，成为古生物学研究的一大热点。从目前所发现的这个动物群的组成看，有正常的三叶虫、金臂虫类、水母、蠕虫类、甲壳纲以及分类位置不清楚的非三叶虫节肢动物、腕足类和藻类等。保存软体的有 *Naraoia*、水母类、蠕虫类及非三叶虫的节肢动物等。澄江动物群内正常三叶虫无附肢保存。澄江动物群现已定名 61 属 67 种，其中，许多动物的软体保存极好，栩栩如生，能提供有关生物解剖、生态、亲缘关系等多方面的珍贵信息，比世界著名的加拿大不列颠哥伦比亚中寒武世布尔吉斯页岩动物群(已被联合国教科文组织列入世界级化石遗产地名录)早了约一万年，逼近了"小壳化石"大量出现的高峰期。澄江动物群中生物体造型的分异度和悬殊性都很大，可见那一时期正可谓"创造门类的时代"。

寒武纪初期(距今约 5.7 亿年)，动物界出现第一次爆炸式的大发展，以发展具有硬体的生物为特征，几乎所有无脊椎动物门、绝大部分纲都已出现。其中，以节肢动物门的三叶虫纲最为发展，约占化石保存总数的 60%；其次为腕足动物，约占 30%；软体动物、蠕虫、古杯、海绵及节肢动物门的其他类别约占 10%。

澄江动物群代表地球历史中著名的寒武纪生物大爆发事件。"寒武纪大爆发"一词源于英文"Cambrain explosion"，是指寒武纪初期多门类生物的大规模突然出现。达尔文曾注意到这个现象，并意识到这个问题如果得不到合理的解释，已经建立起来的进化论就会遇到严重的挑战。

澄江生物群的发现对研究生物进化理论具有十分重要的意义。达尔文的传统生命演化理论认为，生物演化是"渐变"的。但澄江生物群的发现却显示了早寒武世生物的快速演化，在距今约 5.3 亿年澄江动物群中，几乎现今的各主要动物门类(从低等的海绵动物到脊椎动物等十几个门类)都出现有各自的代表，这种"爆发"式的出现和"突变"式的演化，对达尔文传统"渐变论"的生物进化理论是一个有力的冲击。与此同时，这对建立一个新的、完整的生物进化理论也将是一个有力的补充。

2) 生物从水生到陆生的发展

志留纪末期至早、中泥盆世，地壳上陆地面积增大，此时出现了具有茎、叶分化和原始输导系统维管束的陆生植物。陆生植物出现后，由早期维管植物发展为蕨类、古老裸子植物以及裸子植物，最终演化为最高等的被子植物。

关于"鱼形"化石，在奥陶纪(距今约 5 亿年)就有无颌类化石碎片的记录。有颌类化石最早出现于中志留世，它的出现是脊椎动物进化史上的一件大事，它标志着脊椎动物已能够有效地捕食。脊椎动物从海生转变为陆上水生大约是从志留纪晚期开始的。距今 4 亿年前的志留纪晚期和泥盆纪早期起，地球环境发生重要转折，陆地面积增大，淡水鱼类在滨海平原和河、湖环境中大量繁盛，开创了生物占领陆地的新时代，生物圈的空间范围也首次由海洋伸向陆地。总鳍鱼类中的骨鳞鱼是四足动物的祖先，具明显的从总鳍鱼类向两栖类过渡性质的化石发现于晚泥盆世地层中。两栖类摆脱了终生不能离开水体的局限，在陆地上获得了水域附近更多的活动范围。

完全摆脱水生并变成陆生，是两栖类演化到爬行类的主要变化。具羊膜卵的化石被记录发现于北美早二叠世的地层中，通过羊膜卵方式在陆上繁殖后代的爬行类，由于个体生活完全摆脱了对水域的依赖，因而能够适应更加广阔多变的陆上生态领域。羊膜卵的出现使四足动物征服陆地成为可能，此后，四足动物继续向各种不同的栖居地纵深分布和演变发展。这是脊椎动物进化史上的又一件大事。

3）动物界各门类的进化谱系

生物界发生和发展的历史过程完全符合客观物质世界从简单到复杂、从低级到高级的变化规律（图3-1）。一切最低级的生物均由单细胞组成，称原生生物。由原生生物（原生动物）演化出后生动物。海绵动物是最原始、最低等的多细胞动物，动物机体仅由两层细胞组成，细胞虽有分化，但无组织产生，在胚胎发育中，胚层细胞具有逆转现象，这与其他多细胞动物不同，所以这类动物在演化上是一个侧枝，称为侧生动物。腔肠动物是真正的后生动物，动物的身体由外胚层和内胚层构成，称为两胚层动物。但腔肠动物仅有简单的组织分化，还没有形成典型的组织与器官，为低等的后生动物。所有后生动物都是经过两胚层阶段发展起来的。由两胚层动物可继续演化为三胚层动物，即动物身体由外胚层、内胚层和中胚

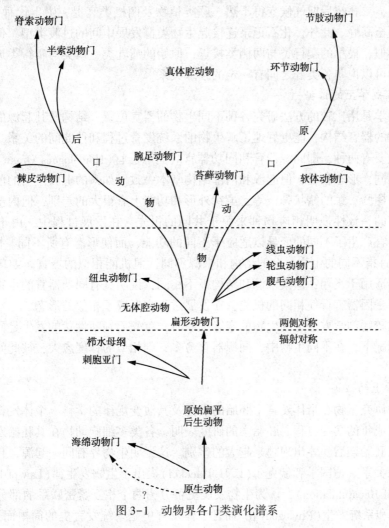

图3-1　动物界各门类演化谱系

层发育形成各种复杂的组织、器官和器官系统。从原始的三胚层动物又发展出神经系统获得充分发展的脊索动物，最后又从脊索动物门脊椎动物类中进化发展出具有自觉能动性的人类。

第二节　生物进化的基本特点和规律

一、生物进化的证据

1. 化石记录是生物进化的直接证据

不同地质时期发现的生物化石的种类和其表现出来的演化系列证实了生物进化。地史早期的生物化石种类少而简单，晚期的化石种类多而复杂，这一现象充分展现了生物界由低级到高级、由简单到复杂的进化过程。化石记录还揭示出生物类群在发展过程中相互演替的现象，除内在原因外，环境条件的改变也起到一定的作用。环境的改变还会引起某些生物种类的衰亡，以及另一些种类的出现、发展和繁荣。例如石炭纪时气候温湿，蕨类植物繁盛，两栖类极为发育，二叠纪后期气候变得干热，蕨类植物及两栖类衰退，中生代种子植物繁盛，爬行动物发展至高峰。此外，化石记录连接起生物类群发展中间的过渡类型。例如最初的两栖类与鱼类相似，最早的爬行类与两栖类接近，原始的哺乳类、鸟类与爬行类近似。这些过渡类型的生物可以说明各类群之间有一定的亲缘关系。

2. 比较解剖学上的证据

比较解剖学是用比较的方法研究各种不同生物的器官位置、结构及其起源的学科。比较研究不同生物的器官结构，能更好地了解生物的系统发育过程和彼此间的关系。比较解剖学方面的证据主要有两种，即同源器官和同功器官。同源器官(Homologous Organ)指不同生物的器官功能不同，形态各异，但起源和内部结构基本一致。如人的上肢、马的前肢、蝙蝠的膜状翼、鸟的翅膀、鲸的鳍状胸肢等，虽在外形和功能上有很大的差别，但内部结构基本相同，这种器官的一致性表明相应物种来源于共同的祖先，在发展过程中，由于适应不同环境，原来的器官产生了不同的变异以适应于不同的功能，而使形态有所不同。同功器官(Analogous Organ)指不同的生物具有的结构和来源不同，但机能相似的器官。如鸟的翼和昆虫的翅，虽然都适用于飞翔，但其来源和结构极不相同，说明具有同功器官的生物并非从同一祖先而来，而是因器官行使相同的机能，在发展过程中形成了相似的形态。

在运用比较解剖学方法追溯生物的亲缘关系时，首先要判断性状的发生是同源的还是同功的，一般情况下，在不同生物中，同源器官愈多，则相似的程度愈大，彼此间的亲缘关系就愈近。

3. 胚胎学上的证据

胚胎学是研究生物在个体发育中胚胎的发生及其演变规律的学科。个体发育是生物个体从生命开始到成年的演变过程。胚胎学的研究表明，各类多细胞动物在其胚胎发育的早期多具相似之处，胚胎期后，才出现越来越大的差别。这说明生物界有同一起源，且标志着各类群之间的亲缘关系。德国学者赫克尔(E. H. Haeckel)提出了生物发生律(Law of Biogenesis)或重演律(Law of Recapitulation)，认为生物发展史可分为两个相互紧密联系的部分，即个体发育(Ontogeny)和系统发生(Phylogeny)，而且个体发育史是系统发育史的简单而迅速的重演。

生物总是在其个体发育的早期体现其祖先的特征，然后才体现其本身较进步的特征，所以从生物的个体发育可以看到其类群系统发生的简单缩影(图 3-2)。胚胎学研究粗略反映了生物进化的梗概。如青蛙的个体发育由受精卵开始，经囊胚、原肠胚、三胚层、无腿蝌蚪、有腿蝌蚪至成体蛙，反映了在系统发育过程中经历单细胞动物、两胚层动物、三胚层动物、低等脊椎动物、鱼类动物，并发展到两栖动物的基本过程。生物发生律对了解各动物类群的亲缘关系及其发展线索极为重要，因此在确定动物间的亲缘关系和分类位置时，常可由胚胎发育提供一定的依据。

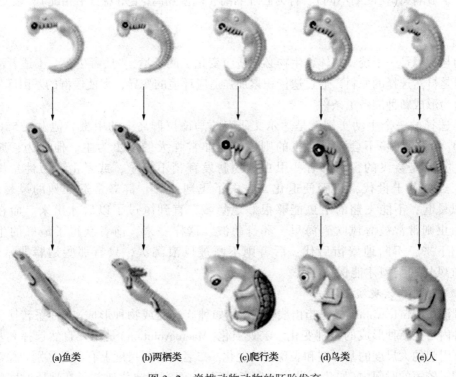

(a)鱼类　　(b)两栖类　　(c)爬行类　　(d)鸟类　　(e)人

图 3-2　脊椎动物动物的胚胎发育

二、物种的形成

生物以物种作为繁殖后代的单元，依靠遗传保持物种的稳定；又以物种作为进化的单元，物种性状不断发生变异，通过隔离和自然选择等作用，旧种不断绝灭，新种不断产生。

1. 遗传

遗传物质是基因，基因具有自身复制的能力，能使物种在各个世代中保持自身的特性。每种个体有一定量的基因，一居群中所有个体的基因的总和构成基因库。一个物种的基因库基本上是稳定的，所以物种的特征能世代遗传。比如，人生人，马生马，种瓜得瓜，种豆得豆，都是遗传现象。

2. 变异

同种个体的基因类型有不同程度的变化，所以各个个体之间都有差异。基因的突变和重组是个体发生变异的主要原因。人们常说的"一母生九子，子子各不同"就是这个道理。

3. 隔离

隔离包括地理隔离和生殖隔离。地理隔离是指由于水体、沙漠、山脉的阻挡或遥远的地理距离等原因造成的隔离。同种的不同居群生活在不同地区，彼此孤立，使不同居群的个体之间无法杂交，失去基因交流的机会，从而导致隔离的各居群间产生不同方向的变异，逐渐形成地理亚种。如我国的华南虎和东北虎，由于长期生活于不同的地理环境，在体型大小、毛色深浅及毛的长短等方面都产生了明显的差别，已形成了两个地理亚种。地理亚种进一步发展，就会形成新种。生殖隔离是指居群间由于基因型差异使基因交换不能进行，这包括生态隔离、季节隔离（交配期不同）、行为心理隔离、机械隔离（生殖器官不相配）、杂交不育、不成活等。

4. 自然选择

生物与环境是一个统一整体，生物必须适应变化了的环境，"适者生存，不适者淘汰"。性状变异是自然选择的原料，通过遗传积累加强适应环境的变异，促使居群的基因库发生重大变化，为形成新种准备了条件。

自然选择的一个生动实例就是达尔文研究的马德拉群岛上的甲虫。他发现550个种中有200个种的翅膀不会飞，会飞的则以翅膀非常强大的甲虫为主。他认为，原来这岛上的甲虫都是会飞的，后来有些甲虫的翅膀发育稍不完全，或者由于习性怠惰，很少飞翔，经过若干世代，翅膀便退化，丧失了飞翔能力。群岛常遭强烈的风暴袭击，每当海风暴起，不能飞翔的甲虫能够很好地隐藏，直到风过了以后才出来。而在空中飞翔的甲虫则常常被海风吹到海里，葬身碧波。这样一来，前者获得了最好的生存机会，保留下来，不断地繁衍后代；后者则不断被风浪淘汰，只有那些翅膀非常强壮、能够抵抗风暴的类型才能保留下来。

5. 微观演化与宏观演化

微观演化（Microevolution）是指由线性分支（如种族分支或物种形成）或种系转换引起的发生在种内乃至新种形成的各种变化。宏观演化（Macroevolution）是指在自然选择和基因突变作用下引起的大尺度的基因型和表现型的变化。二者在时间尺度上有明显区别。微观演化发生在相对较短的时间内（如几个世代的生态时间），而宏观演化通常是在地质时间内才能发生的。进一步讲，微观演化是发生在种内或属一级水平的现象，而宏观演化则与更高一级的分类单元的现象相关（比如林耐谱系中的科、目、纲等）。

6. 成种方式

物种形成的方式有两种：一种是渐变式，或称线系渐变；另一种是突变式，或叫成种作用。前者认为自然选择使遗传变异逐渐积累，最后形成新种，新种与旧种之间有一系列过渡类型。后者认为成种过程是突然发生的，新种与旧种之间无中间类型，而且在一个种的存在时期其性状无重大变化，表现为长期稳定，只有在成种过程中发生性状的质变。

达尔文关于物种形成的学说为渐变论，他认为，物种形成的主要原因是遗传、变异和自然选择。自然选择作用使微小的变异在极其漫长的世代遗传中积累出现性状分歧，进而在遗传中积累达到物种的等级，就形成了物种，他认为自然界没有飞跃。达尔文的这种观念即被称为渐变论。从魏斯曼的"种质论"到孟德尔的基因学说，构成了现代新达尔文主义的基础。该学说主要认为基因及突变是自然选择的最根本的原料，自然选择利用这些原料，不断地形成新种的物种。近代已发展到分子遗传学。

间断平衡论即突变论，主要是针对线系渐变论，即达尔文的物种渐变论而提出的。间断平衡论认为生物演化是突变(间断)与渐变(平衡)的辩证统一(图3-3)。它所研究的是生物演化的速度和方式。关于演化方式，间断平衡论认为，重要的演变与分支成种事件同时发生，而不是主要通过种系的逐渐转变完成的。关于演化速度，间断平衡论强调以地质时间的观点来看，分支成种事件是地史中的瞬间事件，并且在分支成种事件之后通常有一个较长时期(几百万年)的停滞或渐变演化时期。

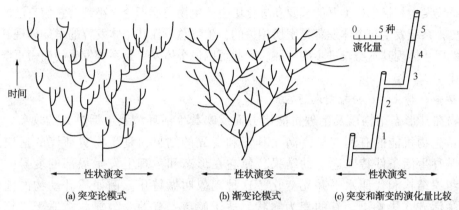

图3-3 成种作用的两种模式(据 Stanley，1979)

间断平衡论强调成种作用的重要性，主要的演化过渡集中在成种时期；而渐变论者认为大多数演化是由线系变异完成的，迅速分异的成种过程起的作用较小。间断平衡论不否认线系演化，但认为它属次要地位。

三、生物进化的特点和规律

1. 进步性发展

进化论已经阐明，一切生物都起源于原始的单细胞祖先，而后在漫长的地质年代中，由于遗传、变异和自然选择，生物的体制日趋复杂和完善，分支类别越来越多。地层中的化石记录虽不完备，但足以说明自从生命在地球上出现以来，生物界经历了一个由少到多、由简单到复杂、由低级到高级的进化过程，这是一种上升的、进步性的发展。同时生物发展是有阶段性的，这种阶段性进化是指生物由原核到真核、从单细胞到多细胞，多细胞生物又逐步改善其体制的发展过程。生物进化的分支发展是从少到多的分化进化，在分支发展过程中生物不断扩大其生活空间，向各种不同的生活领域发展其分支。就整个生物界来说，在其进化过程中，经历了3次重大的突破性的分支发展：最早的一次是从异养(以周围环境中的有机质为养料)到自养(本身含叶绿素，能进行光合作用合成有机养料)的发展；第二次是从两极(合成者和生产者)到三极(生产者、分解者和消费者)的发展；第三次是从水生到陆生的发展。

2. 进化的不可逆性

生物界是前进性发展的，生物进化历史又是新陈代谢的历史，旧类型不断死亡，新类型相继兴起；已演变的生物类型不可能恢复祖型，已灭亡的类型不可能重新出现，这就是进化的不可逆性。例如脊椎动物中由水生的鱼类经过漫长的地质历史和许多演化阶段演化为陆生的哺乳类，哺乳类中如鲸虽然回到水中生活，却不可能恢复鱼类的呼吸器官——鳃，也没有鱼类的运动器官——鳍，鲸的前肢仅仅外貌像鳍，而其骨骼构造完全不同。

3. 相关律和重演律

环境条件变化使生物的某种器官发生变异而产生新的适应时，必然会有其他的器官随之变异，同时产生新的适应，这就是相关律。例如生活在非洲干旱地区的长颈鹿的祖先，由于长期采食高树上的叶子，颈部不断伸长，前肢也随之变长。

生物每个个体从其生命开始直到自然死亡都要经历一系列发育阶段，这个历程就是个体发育。系统发生是指生物类群的起源和进化历史，生物类群不论大小都有它们自己的起源和发展历史，系统发生与个体发育是密切相关的，生物总是在其个体发育的早期体现其祖先的特征，然后才体现其本身较进步的特征。因此可以说个体发育是系统发生的简短重演，这就是重演律。

4. 适应、特化、适应辐射和适应趋同

生物在其形态结构以及生理机能诸方面反映其生活环境及生活方式的现象，是自然选择保留生物机能的有利变异，淘汰其不利变异的结果，是生物对环境的适应。一种生物对某种生活条件特殊适应的结果，使它在形态和生理上发生局部的变异，其整个身体的组织结构和代谢水平并无变化，这种现象叫做特化。例如哺乳动物的前肢，在特定的生活方式影响下，有的变为鳍状，适于游泳；有的变为翼状，适于飞翔；有的变为蹄状，适于奔驰。

生物在其进化过程中，由于适应不同的生态条件或地理条件而发生物种分化，由一个种分化成两个或两个以上的种，这种分化的过程叫做分歧或趋异。如果某一类群的趋异不是两个方向，而是向着各种不同的方向发展，适应不同的生活条件，这种多方向的趋异就叫做适应辐射(图3-4)。又如爬行动物在中生代初期就向各种生活领域辐射，在陆地上有各种恐龙，在水中有鱼龙和蛇颈龙，以及在空中有翼龙。与适应辐射相反，适应趋同是指一些类别不同，亲缘疏远的生物，由于适应相似的生活环境而在体形上变得相似，不对等的器官也因适应相同的功能而出了相似的性状。如鱼、鱼龙和海豚都是鱼形(图3-5)；腕足类的李希霍芬贝、双壳类的马尾蛤和单体珊瑚同形等，都是趋同的著名例子。适应趋同只是一种现象，不能形成进化谱系。

四、生物演替

1. 种系代谢和生态代替

绝灭是指生物完全绝种而不留下后裔，如果某生物种演变为新种而在地史中消失，这叫假绝灭。古生物学资料表明，许多生物类群诸如三叶虫、笔石、菊石、恐龙等，曾在地质历史中盛极一时，后来随着时间的推移而消失，没有留下后代。已知的古生物约2500科，其中三分之二已绝灭。什么原因使得大量的物种在生物进化过程中趋于绝灭？在生物进化过程中，旧的物种不断灭亡，新的物种不断出现是自然发展的必然规律。

在阶段性进化过程中，新种总是在旧种的基础上产生，许多旧种被其子种所代替而衰退灭亡，这叫种系代谢。生物的横向分化进化是通过适应环境和占领环境而进行的，是争夺生活领域的斗争。在这个斗争中，一些生物胜利了，扩大或取得了新的环境；一些生物失败了，丧失了生活领域以至退出了历史舞台，这叫生态代替。

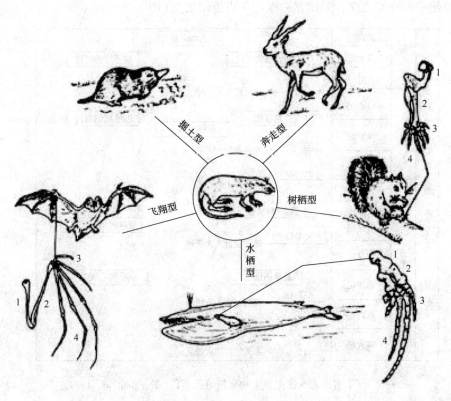

图 3-4 哺乳动物的适应辐射(据河北师范大学生物系，1975)
1—肱骨；2—尺骨和桡骨；3—腕骨和掌骨；4—指骨

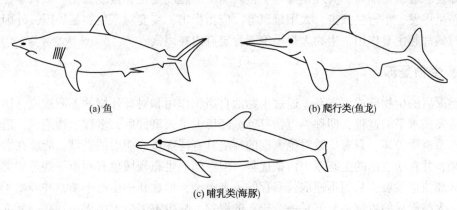

图 3-5 不同生物的适应趋同

2. 背景绝灭与集群绝灭

地史上任何时期都有一些生物灭绝，使总的平均绝灭率维持在一个低水平上(通常每百万年有 0.1~1 个种，依门类而不同)，这叫背景绝灭(Background Extinction)。与之相适应，在一些地质历史时期，有许多门类的生物近乎同时绝灭，使生物界绝灭率突然升高，这叫集群绝灭或大规模绝灭(Mass Extinction)。地史上大规模绝灭共有 7 次(前寒武纪埃迪卡拉动物群的消失，寒武纪—奥陶纪之交，奥陶纪—志留纪之交，晚泥盆世法门期—法拉期之交，二叠纪—三叠纪之交，三叠纪—侏罗纪之交，白垩纪—第三纪之交)，其中最重大的绝灭事件发生在二叠纪—三叠纪之交, 其次是白垩纪—古近纪之交(图3-6)。

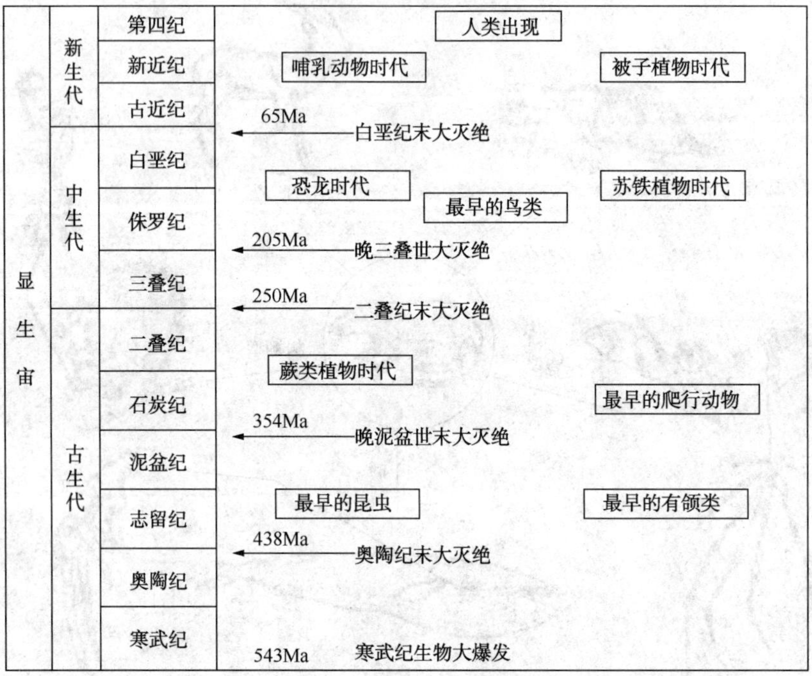

	第四纪		人类出现	
新生代	新近纪	哺乳动物时代		被子植物时代
	古近纪	65Ma ← 白垩纪末大灭绝		
中生代	白垩纪	恐龙时代		苏铁植物时代
	侏罗纪		最早的鸟类	
	三叠纪	205Ma ← 晚三叠世大灭绝		
	二叠纪	250Ma ← 二叠纪末大灭绝		
古生代	石炭纪	蕨类植物时代		最早的爬行动物
	泥盆纪	354Ma ← 晚泥盆世末大灭绝		
	志留纪		最早的昆虫	最早的有颌类
	奥陶纪	438Ma ← 奥陶纪末大灭绝		
	寒武纪	543Ma 寒武纪生物大爆发		

图3-6 显生宙以来5次主要生物集群绝灭事件(据Valentine, 1969)

导致生物大规模绝灭的事件, 大致可分为地球成因事件和地外成因事件两大类。前者包括火山爆发、地磁场倒转、大规模海退、板块运动、温度变化、盐度变化、缺氧事件等; 后者如超新星爆发、小行星撞击、太阳耀斑等。应当指出, 突变对于生物是外因, 外因不可能在任何时候都起主要作用, 生物大规模绝灭肯定有内在因素。

五、生物复苏

大绝灭后的生物群或生态系, 通过生物的自组织作用和对新环境的不断适应, 逐步恢复到其正常发展水平的过程, 即称为生物复苏。经历大灭绝事件后, 多数生物绝灭、消失, 正常的生态系遭受破坏, 只有少数对绝灭期的环境具有特殊适应能力的类型, 能够在大绝灭后残存下来, 并在所空出的生态系中占据优势。但空间的生态领域也有利于一些进步类型的新生、分异和快速发展, 从而迅速取代残存的古老类型, 形成新的生态平衡, 并开始了新的繁荣阶段。大绝灭后的生物系复苏是一个较新的课题。显生宙多数大绝灭—残存—复苏过程都要延续1~3Ma, 它们都是由一系列逐步加速的绝灭和复苏事件所组成。大绝灭后残存和复苏期的长短, 除了与大绝灭后环境系统和营养结构的重建有关外, 还直接与残存类型的特征、数量和分异度有关。祖先类型产生于大绝灭时的高压环境, 它们是最成功的穿越大绝灭者, 是随后复苏的原动力。不同类型的生态系, 在大绝灭后具有不同的复苏速率, 通常呈现一种阶状渐进的方式。生态系复苏的早期还包含了各种残留类型的一些很小的短期绝灭事件。

【关键术语】

元素演化；化学演化；生物进化；同源器官；同功器官；适应辐射；适应趋同；不可逆律；重演律；绝灭。

【思 考 题】

1. 为什么适应是生命特有的现象？
2. 简述火星上是否有生命。探索地外生命应从哪几个方面入手？
3. 简述生命起源与生物进化的历程。
4. 简述生物进化的特点与规律。
5. 简述生物进化的不可逆性及其地质意义。
6. 如何理解寒武纪大爆发？
7. 什么是物种？成种作用模式有哪些？
8. 如何理解大辐射和大灭绝是生物进化的重要形式？
9. 简述生物进化的不可逆性及其地质意义。

第四章　生物与环境

【本章核心知识点】

本章主要介绍环境、生态因子及其对生物的影响，生物与环境的关系，生物的生活方式，生物的环境分区。

（1）生物的生活环境是指影响生物生活的各种外界条件的总和，包括一切生物的和非生物的因素。环境中影响生物生活的所有条件称为生态因素（生态因子），通常分为非生物因素和生物因素两大类。

（2）生物的生活方式是指生物为适应生存环境而具有的活动方式和营养类型。生物的活动方式按照生活场所可分为水生生物和陆生生物。

第一节　环境因素及其对生物的影响

一、环境

环境是指某一特定生物体或生物群体以外的空间，以及直接或间接影响生物体或生物群体生存的一切事物的总和。

环境总是针对某一特定主体或中心而言的，是一个相对的概念，离开了这个主体或中心也就无所谓环境，因此环境只具有相对的意义。在生物科学中，环境是指生物的栖息地，以及直接或间接影响生物生存和发展的各种因素。环境有大小之别，大到整个宇宙，小至基本粒子。例如，对太阳系中的地球而言，整个太阳系就是地球生存和运动的环境；对栖息于地球表面的动植物而言，整个地球表面就是它们生存和发展的环境；对某个具体生物群落而言，环境是指所在地段上影响该群落发生、发展的全部无机因素（光、热、水、土壤、大气、地形等）和有机因素（动物、植物、微生物及人类）的总和。简而言之，所谓生物的生活环境，即指影响生物生活的各种外界条件的总和，包括一切生物的和非生物的因素。

与现代生物相似，古生物生活的环境可分为水生和陆生两种。由于水域中具有许多对生物生存非常有利的物理、化学因素，所以在水域环境中生物的分布广泛，且种类极为繁多。地球表面的水域主要是广泛分布的海洋，其次是分布在大陆内部的湖泊与河流。虽然同属水域，环境类似，但由于海洋环境面广水深，存在时间长久，相对于大陆内部水域环境的物理、化学因素更为优越，因而生物种类繁多。

研究古生物与古环境的关系具有重要的理论和现实意义。弄清古生物与古环境的关系、生物与环境的演化规律，对于我们了解生物的进化规律和地史时期地球环境的变迁具有重要的理论价值。当今社会，人口、环境和资源等全球性的问题正困扰着世界各国的和平与发展，环境与生态的研究将有助于我们正确地处理好经济建设和环境保护的关系，维护整个地球自然生态环境的平衡，从而保证人类社会能够快速、持续地向前发展。

二、生态因子及其对生物的影响

环境中影响生物生活的所有条件称为生态因子或生态因素，通常分为非生物因素和生物因素两大类。其中，非生物因素包括物理的和化学的因素，主要有温度、深度、底质、光线、水分、气体和盐度等。生物因素主要是指生活在一起的各类生物之间的相互关系，如共栖、寄生、共生、抗生等。

生物与其生活环境是相互作用、相互制约、密切相关的。任何生物都不能脱离其生活环境而孤立地存在。环境从根本上决定着生物的分布和生活习性等，每种生物都是在一定的环境中产生和发展的。生物可在单个有机体、居群、群落、生态系的水平上与环境保持各种不同程度的联系。一个物种的个体常呈不均匀的分布，这是生活环境的不均匀或生物本身具有群居习性引起的。居群（population，也译为"种群"）是生活在特定环境中可以相互配育的个体群，是物种的基本结构。群落（community 或 biocoenose）是一定区域内各种生物（动物和植物）居群的集合。生态系（ecosystem）是群落与其环境之间由于不断地进行物质循环和能量转换而形成的统一整体。

但是生物也并非完全被动地依附于环境而生存。在长期的生存斗争中，生物都在不同程度上获得了适应环境的能力和潜力。不同的生物适应环境的能力是不一样的，生物对各种生态因素的适应能力称为生物对环境的耐受性（tolerance），这种耐受性具有一定范围。生物在此范围内有其最适应性，但在趋于上、下限时，生物就受到抑制或减弱。根据生物对环境因素的耐受性大小，有广适性（enroythermal）和狭适性（stenotopic）之分。能够在较宽限度范围内生活的生物称为广适性生物；只能在小范围内生活的生物称为狭适性生物。具体到各种生态因子，则有广盐性（enrohaline）生物和狭盐性（stenohaline）生物，广温性（enrythermai）生物和狭温性（stenothermal）生物等区分。

1. 温度

温度是决定生物生存、繁殖和分布的最重要因素之一。温度主要来自阳光的照射，它随着纬度及季节的变化而变化，温度变化直接影响生物的新陈代谢，从而对生物的生长发育产生作用。各种生物在其最适宜的温度范围内，当温度升高时，新陈代谢加快，生长和繁殖的速度也随之加快。例如原生动物草履虫，在 14~16℃时每天分裂一次，在 18~20℃时便分裂两次。水温的高低与水中的氧、二氧化碳和盐度、碳酸钙含量等有着密切关系，从而间接地影响着生物。一般来说，温度控制着生物的分异度，随着温度降低，种的数量减少。热带地区生物最繁盛，至两极寒冷地区生物渐稀少。如热带、温带植物的种类就明显比寒带植物的多得多。依据生物对环境温度耐受性的大小，可分为有广温性（enrythermai）生物和狭温性（stenothermal，亦称窄温性）生物两类。窄温性生物如造礁珊瑚一般只生活于 23~27℃的温暖浅海中，因而具有重要的环境指示意义。

水域环境中，温度随水体深度的不同而改变，一般来说，表层水体的温度变化较大，底层水体的温度较稳定。海水中仅在 250~300m 以上的水层才有季节性温度的变化，其下水层温度终年没有大的变化。局部地区由于有大洋暖流通过，或因海底火山喷发或熔岩作用影响，可造成局部增温，有利于某些生物的生长和繁殖。陆地的温度除了受纬度的控制外，还受海拔高度的影响，一般情况下，温度随海拔高度的升高而降低。

此外，温度也控制着生物的分异度和分区，分异度是指在一定环境中生物种类的多少。

一般来说，温度越高的地区生物的种类也就越多，分异度也就越高；温度越低的地区生物种类就越少，生物的分异度也就越低。如极地的生物种类比热带生物种类明显减少。分异度最高的地方往往有生物礁分布，生物礁发育在温暖、清澈、盐度正常的热带、亚热带浅海环境里。现代生物礁的分布严格受纬度的控制，主要分布在南北纬28°之间的热带浅海。因此通过对地层中生物礁地理分布的研究，可指示地史时期热带的位置。温度控制生物群分区的现象十分明显，不同温度气候带中生物群的面貌是不同的。另外，由于生物所产的卵的孵化需要有一定的温度条件，因此温度又控制和影响着生物的繁殖。

2. 水深

海洋中海水深度的变化影响到其他一系列的环境因素，深度与压力呈正比，与光线透射度呈反比。在一定范围内海水的深度又与温度的变化有关。由于深度会影响光线的透射度，所以水深控制着各类生物的垂直分布。如海生藻类的分布下限是水深200m，在35~50m处藻类最为丰富，因而藻类的垂直分布可作为反映水深的一种环境标志。另外，由于光线中不同波长的光穿透海水的能力不同，因而可造成不同类型的藻类在分布深度上的差异。如浅海近岸处(0~10m)生长蓝绿藻，在其下20~30m处以褐藻最多，而红藻可分布在水深约30~200m处。深度对海洋生物分布的控制可以通过与深度有关的透光度、压力、盐分、温度、溶解氧及食物供应等对物种的分布施加影响。

3. 底质

底质是生物栖居所依附的环境物质。对于动物来讲，底质起着活动基地、附着点、隐蔽场所和营养物质来源等作用。底栖动物与底质有着非常密切的联系。底质一般分为硬底质和软底质两种，硬底质通常是岩石或生物的外壳、骨骼或其他坚硬的物体，这种基底有利于游移和固着生物栖居或被钻孔底栖的生物穿孔，形成栖孔。软底质一般是泥沙沉积物等，生活在其中的多为底埋底栖的生物，形成许多潜穴。然而在流动性较大的沙底上，水体容易在其中循环，动物因不易掘穴而无法栖居，因此不利于生物生存。软底底质的颗粒大小及所含有机物的多少都与食泥生物等的生存具有很大关系。不同底栖生物具有不同的活动方式和营养类型，对底质各有不同的选择。基底的软硬、沉积物的粒度、矿物成分、水的渗透性都具有重要影响。比如，营固着底栖的牡蛎，如果其幼虫找不到岩石底质，就不能栖息生长；而食泥的蠕虫动物在岩石上则无法生存。因此，底质在一定程度上控制着底栖生物的分布。不同的底质有不同的动植物群，如沿岸岩石及贝壳上附着有许多藻类及各种具有固着能力的无脊椎动物，在潮间带各种硬底质中还可见钻孔生物；在砂质软底中则以潜穴为主；泥质软底中常有丰富的软体动物和节肢动物的甲壳类。

4. 盐度

盐度是指溶解于水体中的无机盐(氯化钠)的含量。根据水体含盐度的大小，地球表面的水体可分为：淡水(<0.5‰)，半咸水(0.5‰~30‰)，海水(30‰~40‰)和超咸水(>40‰)几种类型。一般来说，正常海水的含盐度为35‰，干旱地区海水的盐度高于此值，如红海北部可达40‰。在河流入海口，由于淡水的注入，有的地区海水的盐度可降到16%，如黑海。生物对于盐度的变化是敏感的，依据生物对水体盐度耐受性的大小，可分为有广盐性(enrythermai)生物和狭盐性(stenothermal，亦称窄盐性)生物两类。生物对于盐度变化的敏感性还表现在随着水体盐度的降低或升高，生物分异度(属、种的数量)减小，而丰度(每个属或种的个体数量)增大。正常盐度海水中生物种类多样，但当海水的盐度升高或降低时，便出现海水的咸化或淡化，这都会引起生物在种类和数量上的变更，常表现为生物种类贫乏。只能适应正常盐度海水生活的生物称为窄盐性生物，如大多数的造礁珊瑚、具铰纲的腕足动物、头足动物及棘皮动物等。能够适应盐度变化范围较宽的生物称为广盐性生物，如双壳类、腹足类及苔藓动物等。各种无脊椎动物和藻类植物与海水含盐量的关系如图 4-1 所示。

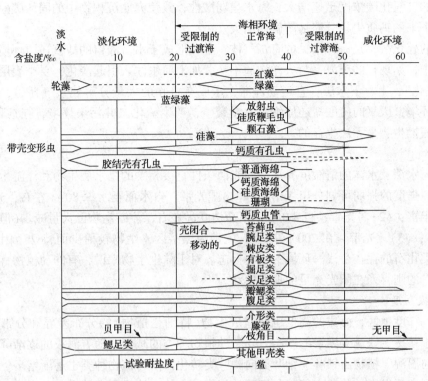

图 4-1 主要无脊椎动物和藻类化石分布与盐度的关系(据全秋琦、王治平，1993)

水体含盐度的变化，还影响生物个体形态的变化。生活在宁静半咸水中的软体动物等，一般壳体较薄，个体较小；在盐度极度变化的恶劣环境下，各种生物普遍变小，产生了生长阻遏现象，壳体还会出现畸形现象等。

5. 气体

水中的气体对生物生活影响较大的是氧、二氧化碳和硫化氢。溶解于水中的氧气主要来源于大气和水生植物的光合作用，并随着温度、深度的增大而降低，随水体运动的增强而升高。当然，在深海区，由于大洋环流的作用，使水中的含氧量又有所升高。一般来说，水体表层的透光带中浮游植物藻类最丰富，水体中的氧含量也最高。水中的氧气是水生动物不可缺少的生活条件，所以浅海区的生物最繁盛。大气中的氧气更是动物生存必不可少的条件。当水中氧含量不足或缺氧时，大多数水生生物将会减少或死亡，只有少数动物，例如有的节肢动物在低氧或季节性缺氧的环境中，能通过增加血液中的血红蛋白来提高摄氧能力；环节动物多毛类，则通过降低自身的代谢活动，减少耗氧量来维持生活。

水体中的二氧化碳来自大气的动物呼吸、有机物的分解及水底火山喷发等，其含量大大高于大气。二氧化碳是植物进行光合作用的必需原料，但对于动物来说，水中二氧化碳含量的增大，可能造成动物缺氧，甚至窒息而死亡。水中的二氧化碳还与碳酸钙的沉淀和溶解密切相关，在热带浅海，海水因蒸发而盐度增加，加上温度高，海生植物繁盛，使海水二氧化碳浓度降低，钙质容易沉淀，因而具钙质骨骼的生物相当厚重。寒带和深海区，温度低，二氧化碳浓度大，钙质不易沉淀，一般来说，生物骨骼细薄，结构脆弱。海洋中，随着海水深度增加，水温下降，水压升高，二氧化碳的浓度逐渐增加，在碳酸盐补偿深度 4000~6000m 处，水中的二氧化碳浓度迅速增大，海水呈弱酸性，致使海底沉积物中的固体碳酸钙以及从上面降落下来的钙质生物骨骼被溶解而消失。

水中的硫化氢，是一种常见的有毒气体，主要形成于水流滞留的缺氧还原环境中。在闭塞的水体中，如现在的黑海，与大洋沟通不畅，加上河水注入引起淡化，夏季表层增温，可使海水"层化"，上、下水层垂直运动停滞，水底有机物的大量分解使氧气耗尽，形成了缺氧的还原环境，厌氧的硫酸盐还原细菌大量繁殖，产生硫化氢并污染环境，在这种环境中，绝大多数底栖生物是无法生存的。

6. 光线

光线与水深及水体的清澈度有关。与光照条件直接相关的是水底生物和浮游生物，根据水体中光照强度的强弱可划分出 3 个带：(1)强光带，自水面至水深 80 m 左右，光线充足，浮游生物丰富；(2)弱光带，自 80 m 以下至 200 m 左右，浮游生物已大量减少(但红藻和硅藻较发育)；(3)无光带，在 200 m 以下，此带为黑暗区，生物较稀少而特殊。因此，地层中海生藻类化石的存在是浅海环境的重要标志。对于陆生生物来说，有的动植物喜欢阴湿的环境，而有的则喜爱在阳光充足的地方生活。

7. 海拔高度

在同一纬度地区，海拔的高低也会造成生物(特别是植物)的分布差异和分带现象。高原地区由于寒冷、缺氧等因素的影响，导致动植物种类的减少。随着海拔的逐渐降低，气候由干冷转向温湿，植物由针叶、细叶类向阔叶类转化，同时植物种类也逐渐增多。如现代青藏高原地区主要发育一些草本植物和细叶的红柳灌木丛，缺乏高大的乔木。

8. 生物因素

生物之间存在着相互依赖、相互影响、相互竞争的关系，构成了环境中的生物因素。不同生物之间的关系形式多样，可归纳为对抗关系和共生关系两种主要类型(表 4-1)。其中，对抗关系不仅包括生物之间的捕食和抗生，还包括竞争关系。共生关系包括寄生、共栖、互利关系。产生这些关系的最关键因素是食物链(图 4-2)。所谓食物链是指一定的环境范围内各种生物通过食物而产生的直接或间接的联系。食物链指生态系统中初级生产者吸收的太阳能通过有序的食物关系而逐渐传递的线状组合。食物链相互交叉连接，构成食物网。食物链本质上是生态系统的能流途径，是绿色植物固定的能量通过生态系统不断释放所经过的途径，即能量是沿食物链流动的。生物在食物营养方面的依赖关系最为明显，食物链如果中断，生物组合就会改变。如草原上有羊的地方常招来狼群，羊吃草、狼吃羊，由此构成一种食物链的关系。在这种食物链的关系中只要其中一个环节发生变化，就会影响到一系列与之有关的生物。如狼的存在，一方面威胁到羊的生存；但如果没有狼，羊就会肆意繁殖，毁坏草地，最终危及自身生存，因而从某种程度上说，狼吃羊又有利于羊群的繁衍。自然界的这种食物链法则很难用人类的道德准则来加以评判和衡量。在古生物化石的研究中，同一岩层中的各种化石，在未弄清楚它们之间的关系之前，可统称为伴生生物。

表4-1　生物之间的关系

关系类型	性质
对抗关系（antagonism）	抗生（antibiosis） 捕食（predation） 竞争（competition）
共生关系（symbiosis）	寄生（parasitism） 共栖（commensalism） 互利（mutualism）

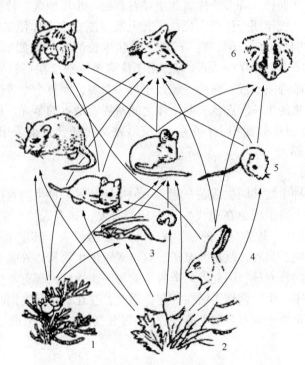

图4-2　食物链简化图（据武汉大学等，1978）

1—桧树；2—草本植物；3—节肢动物；4—兔；5—啮齿动物；6—食肉兽类

1) 抗生关系

抗生关系（相克关系）指一种生物受到另一种生物的危害，而对施加危害的生物本身毫无影响，这种关系在化石中不易表现出来。但在生物界却确实存在，典型例子如"红潮"现象。如有些藻类（如砷涝等）过快地繁殖而产生有害物质，使成千上万的鱼群及底栖动物由于水层底部污染或氧气不足而大量死亡。抗生现象还包括由于细菌造成传染病而死亡等。

2) 捕食关系

捕食关系是指一种生物以捕食另一类生物为生，但它本身又成为其他生物的食物。这种关系组成了捕食者食物链。这种关系在现代生物环境中较为普遍，但在化石记录中保存的证据很少。

捕食关系其实时刻存在，但能够保存为化石的仅仅是那些"不成功"的捕食证据或被吃后残留的痕迹，或被捕捉又逃亡的幸存者留下的伤痕。真正成功的捕食，由于已被完全吃掉，无法保存为化石。化石中见有双壳类、腕足类壳体上有被捕食动物牙齿咬伤的痕迹或被食肉的腹足动物、海绵动物捕食留下的钻孔。例如美国纽约泥盆系中保存有正在抓住双壳类的海星与双壳类共同保存为化石的现象以及被食肉动物咬伤的石炭纪长身贝类等。

3）竞争关系

竞争关系是生物群落中的自然现象，有些生物互相之间的依赖关系并不明显，但是即便是同种个体之间也常常由于对食物、光线和空间位置等的需要而在不断地竞争，彼此之间低水平地互相影响，互相制约，有时甚至两败俱伤。

在化石状态下，竞争明显的表现为底栖动物对固着基地的竞争，具体表现为在不大的面积上同种个体的稠密和拥挤。许多个体彼此争夺有利的一小段地区，特别是底栖动物幼年期时固着在成年个体上，成年期个体尚未死亡，其上及周围新生个体便又来固着，形成"自然簇"。如现代和古代的牡蛎滩、贻贝簇，石炭纪簇状生长的腕足类如米氏贝（*Meekella*）、泥盆纪的 *Cyrtospirifer* 和石炭纪的 *Choristites* 等，由于许多个体密集在一起往往影响一些个体的正常生长，可能引起啄部扭曲或石燕的一翼短于另一个翼，而每个个体的啄部向下方中心聚生的现象，显示出原来的生长状态，表明个体之间对固着地点的争夺。如现代和古代的滨海藤壶（*Balanus*）也是在很小的面积上（贝壳、岩石）密集生长，且由于个体之间互相拥挤生长，而造成外形不规则。

4）寄生关系

寄生关系是指两种生物共同生活在一起，一种生物从另一种生物直接获得营养，并对另一种生物具有危害性。寄生现象在现代生物中相当普遍，如有人说"鸟类不仅是鸟类而已，而且还是会飞的动物园"，鸟类身上的寄生的小动物多得惊人，其羽毛被虱和螨当作食物，它们的皮又被某些蝇吃，另外，跳蚤、虱子、蚊子等寄生生物从体外吸它们的血液，而原生动物在体内破坏它们的红血球，因此，鸟类身体的每一个器官内都有寄生虫。

由于寄生者和寄主一生紧密地生活在一起，因此，在化石中还会同时保存下来，有的学者研究发现有蠕虫类寄生于海百合腕上等现象（不过此类现象是寄生或是共栖，有时难于判断）。

5）共栖关系

共栖关系指一种生物从共生的另一种生物得到好处，而对后者并无显著的影响。是一种偏利的共生关系，往往是生物的一方供另一方作定居地点，因此又可称为宿生关系。如喇叭珊瑚固着于腕足类壳体上，龙介虫可固着于双壳类壳上，腕足类固着于海百合上等。共栖现象不仅表现在不同门类之间，也可表现在同类生物的不同物种之间。

6）互利关系

互利关系（又称互惠共生关系）指共生在一起的两种生物关系密切，彼此都有好处可得，相互间协作得很好的一种关系。这种关系在现代生物中较多见。如植物和动物之间互惠共生关系最典型的例子是昆虫传播花粉，昆虫到植物处觅食，植物把花粉洒到昆虫身上，昆虫带着花粉从一朵花传到另一朵花，不知不觉地完成授粉任务；又如现代犀牛和犀牛鸟二者形影不离，犀牛鸟依靠犀牛身上的各种寄生虫生活，而犀牛则需要犀牛鸟来清除这些虫子。

研究一个群落中的生物间相互关系，特别是确定生物共生组合关系，是在建立一个群落的雏形，生物相互依赖的程度表示着在群落内部种间的密切程度。在恢复古群落时可以根据彼此之间相互关系来研究它们之间的生境关系和种间关系。例如研究礁体中造礁珊瑚同虫黄藻的互惠共生关系，表示二者是彼此相互依赖的共生组合。双方紧密相互依赖，互相得到好处，这在研究地史时期动植物二者共生演化中具有重大意义。在自然界十分普遍的捕食与被捕食关系、寄生者与寄主之间的关系和两种生物的共栖关系则是一方依赖另一方的共生组合，比上述一类关系密切程度稍差，仅对一方有利，而另一方会牺牲或受影响不大。更低一级的共同生活在一起的可以是互不依赖的关系，例如具有相同或相近的生活习惯和营养水平的几种生物共同生活在一起，彼此在居住地或营养资源方面也有竞争，但彼此并无直接的依赖关系。这些共同生活在一起的生物，在生态学上是一种初级或原始的合作关系。但在一个生态单位中，对各种生物的生存都有利。在恢复地史时期各种化石生物共生关系时，还应当特别注意区别它们是否属于自然生活的共生关系，还是非自然的、次生的共生关系，例如，由于搬运、埋藏、保存等作用造成的次生的"共生"关系。

第二节　生物的生活方式

各种生物在长期的历史过程中，由于要适应周围环境，因而会形成不同的生活方式。广义上说，生物的生活方式（mode of life）又称生态类型，是指生物为适应生存环境而具有的活动方式和营养类型。

一、生物的活动方式

1. 水生生物的活动方式

水生生物的活动方式多种多样，大致可分为 3 类：底栖生物、游泳生物和浮游生物（图4-3）。

1）底栖生物（benthos）

所有栖居在水底的生物统称为底栖生物。底栖生物又可分为 4 类：（1）固着底栖——生物体完全固着在水底生活，如珊瑚、海绵等；（2）游移底栖——生活在水底，但身体可在水底作不同程度的移动，个体常呈两侧对称，如某些双壳类；（3）钻孔底栖——在水底岩石或贝壳上钻孔，身体栖居在孔内，如某些双壳类和海绵类；（4）底埋底栖——把身体隐藏在水底的泥砂中生活，这种动物的外壳多薄而微透明，有些往往生有细长的水管露出泥砂层之上，进行水的循环，获取水中的微生物等有机物质，如某些双壳类、棘皮动物中的一些海胆和腕足动物的舌形贝（*Lingula*）等均属于底埋底栖的类别。

也有人将底栖生物分作表生生物与内生生物两大类，前者居住在水底表面，后者居住在沉积物内部，营掘穴或钻孔生活。

2）游泳生物（nekton）

大多具有发达的游泳器官，能够主动地在水中游弋，如大多数的鱼类、鲸等。其体形一般呈两侧对称的流线型，具高度发育的感觉器官和捕食器官。游泳生物大多属食肉类型。

3）浮游生物（plankton）

浮游生物包括浮游动物和浮游植物，它们没有真正的游泳器官或仅具极不发达的游泳器官，只能被动随波逐流地移动。除少数（如水母类）外，个体大多微小，一般呈辐射对称的圆形或球形，没有骨骼或骨骼纤细，如甲藻、放射虫、有孔虫中的抱球虫（*Globigerina*）等。若生物自身不具浮游能力，而借助于固着在其他浮游生物或物体（如藻类、木材）上营浮游

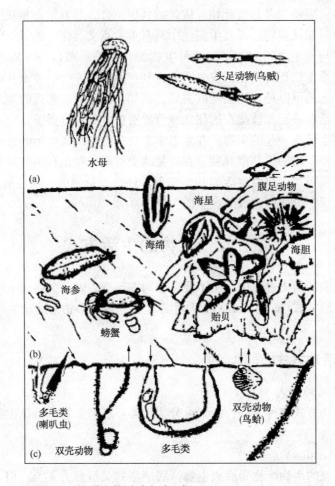

图 4-3　海洋生物活动方式（据 Raup、Stanley，1978）
（a）—浮游生物和游泳生物；（b），（c）—底栖生物，生活于硬质（右侧）、
软质（左侧）底质上，或软质底质（c）内

生活，则称为假浮游生物（peudoplankton）。

2. 陆生生物的活动方式

陆生生物的重要特征是为适应在陆地上进行呼吸和适应气温的变化及防止水分的大量蒸发而具有的各种保护性特征，同时，因为不存在水的浮力，因而需要能支持体重的结构和器官。陆生生物的活动方式与水生生物明显不同。

植物具有发育的根系，陆生植物一般用根固定在土壤中生活。

大部分陆生动物具有发达的四肢，可以在陆地上自由活动。低级动物主要为爬行的运动方式，节肢动物和脊椎动物用肢端和脚趾行走、奔跑和跳跃；也有少数动物营潜穴和钻孔生活；另有一部分动物营空中飞行生活方式，节肢动物中的部分昆虫和脊椎动物中的鸟类进化到用翅来飞行。

二、生物的营养类型

生物的营养方式有光合作用、吸收和摄食 3 种。植物获取营养的主要方式是光合作用；

微生物则靠吸收获取养料；动物则以摄食为主。依据生物摄食方式和食物类型，生物的营养类型可划分为自养生物和异养生物两种类型。

1. 自养生物

可以通过无机物质自己制造食物的生物称为自养生物（autotroph）。各种海生或陆生绿色植物利用二氧化碳和水制造碳水化合物并释放出氧气，并由阳光提供光合作用的能量，均为自养生物。

2. 异养生物

自身不能制造食物，而以植物或别类动物为食的生物称为异养生物（heterotroph）。

(1)食腐生物——以死亡的生物遗体为食物，具有"清道夫"的作用，如海底的一些蠕虫类、甲壳类和腹足类。(2)滤食生物——海水中含有极丰富的有机质，如动物的卵和幼虫、微体藻类和细菌，有一大批海生动物如海绵、腔肠动物、苔藓动物、腕足类和双壳类等，它们吸进海水并过滤其中的有机质为食。(3)食泥生物——水底沉积物泥沙中常含有一定数量的有机质，此类生物常吞食大量的沉积物，从中吸取养料，如蠕虫类环节动物及海参等。食泥生物对沉积物有改造作用，产生了生物扰动构造（bioturbate structure）。(4)植食生物——以植物为食的海洋生物，分布在水层上部的透光带，主要是多种鱼类、腹足类、节肢动物和一部分海胆；此外，脊椎动物中的牛、马、羊、鹿、象等也属于植食生物。(5)肉食生物——以捕捉其他动物为食的生物，如头足类、海星、腹足动物中的食肉类及一部分脊椎动物等，大部分为较高级的生物。(6)杂食生物——可以食用植物，也可以食肉或其他食物的动物，如有些蠕虫、节肢动物和许多脊椎动物如熊、猪等。(7)寄生生物——寄居在另一种生物体内并依靠被寄生的生物生活。

第三节　生物环境分区

一、海洋环境分区及海洋生物

海洋环境是原始生命的"摇篮"。生物的发展先从海洋开始，逐渐向陆地、空中发展，因此海洋环境是生物最重要的栖息地。然而海洋环境又是很复杂的，生物在其中也不是均匀分布的。现代海洋环境根据深度可以划分为滨海区、浅海区、次深海或半深海区、深海区及远洋区（表4-2，图4-4）。

表4-2　生物环境分区

按海陆划分	陆地	按海拔高度及海水深度划分	高山区
	海洋		平原区
按纬度划分	热带区		滨海区
	亚热带区		浅海区
	温带区		半深海区
	寒带区		深海区
	极地区		远洋区

1. 滨海区

滨海区指低潮线与高潮线之间的区域，又称为潮汐地带或潮间带。地形比较复杂，邻近大陆可以有海湾、泻湖、河口、三角洲、岛屿等地形变化。该区在高潮时被海水淹没，落潮时露出水面，经常有波浪和潮流作用，属于高能动荡的沉积环境，盐度、温度和光线等昼夜都会发生变化，是一种很不稳定的环境，一般生物难以生存，因此生物比较贫乏。但滨海地带有其特殊的生物种类，它们或具坚硬的壳体，或牢固地附着生长在岩石上，或在沉积物中营钻孔或潜穴生活以躲避风浪的侵袭，且多数在孔穴内以水中悬浮的微生物为食。

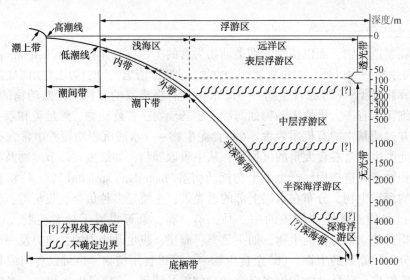

图 4-4　海洋生物环境分区

2. 浅海区

浅海区指从低潮线至水深 200m 左右的地区，即低潮线向下到陆棚与大陆斜坡交界处。海底地形比较平缓，可分为浅海区上部与浅海区下部两部分。浅海区上部（一般 50m 以上）阳光充足，藻类繁盛；50m 以下的浅海则阳光减少，藻类很少。浅海区含氧充足，温度只受季节影响，上部受波浪的搅动，下部除风暴外，通常比较稳定。因此，浅海生物群最为丰富，多为底栖爬行或固着生活的生物。大多生物都适应正常盐度，如珊瑚、腕足动物、头足类和棘皮动物等。它们中的多数以水中悬浮的微生物或从海底沉积物中摄取有机质为食，有的兼营两种摄食方式。在动物群中有以其他生物为捕食对象的食肉类，如头足动物和棘皮动物的海星等，也有腐食动物。浅海带上部还有以藻类碎屑为食的植食动物等，种类很多。

3. 次深海或半深海区

次深海或半深海区指水深约 200~2000m 的区域，即陆棚之外的大陆斜坡。海水平静，温度、含盐度比较稳定，含氧量稍低，常有浊流沉积。由于光线不能到达或只能微弱地到达上层，因此没有藻类生长或藻类极少。底栖生物以腐食类为主，或以沉积物中的有机质碎屑为食。

4. 深海区

深海区指水深超过 2000 m 的海区，即大陆斜坡之外。海底或平坦、或为深海沟及海底山脊。该区无光线，水温低，压力大，是一个黑暗、寒冷的世界，生物稀少。经现代深海勘探证明，深海动物群类别和面貌与浅海区相似，但种群密度和群落结构有着显著差别。其动物群数量锐减，且都以适应黑暗寒冷的深海环境为特征。如许多鱼类、甲壳类的眼睛消失，代之以细长的触角和鳍，常能发光发电。它们普遍缺乏易溶解的碳酸钙骨骼，多以食海底淤泥中的有机物为食，或以腐败的尸体和细菌为食。主要生物有硅质海绵、棘皮动物、甲壳类、蠕虫动物和鱼类。

5. 远洋区

远洋区指离岸较远的海洋上层，一般指次深海与深海区的上层。生活在远洋区的生物并不依赖于海底，它们全部为浮游生物和游泳动物。浮游植物组成海洋生物的重要食物来源。浮游生物死后，它们的壳体缓慢沉到海底组成硅藻、放射虫、抱球虫软泥。游泳生物有各种鱼类、海豹、鲸和各种无脊椎动物。

二、大陆环境分区及与生物分布

大陆环境可分为陆地、河流和湖泊环境。

1. 大陆环境

大陆环境包括高山、丘陵、平原及低地等。大陆沉积中常见的生物化石有植物大陆环境、孢粉、哺乳动物及腹足类等。

2. 河流环境

河流环境包括各种水系的主干及支流河床、河岸及河口三角洲等。河流发育的地区一般气候潮湿、土壤肥沃、动植物丰富。河流沉积中可含孢粉、轮藻、介形虫和软体动物腹足类、双壳类以及哺乳动物等的化石。

3. 湖泊环境

湖泊环境包括含盐度不同的各种湖泊以及沼泽等。其中所含的生物化石因生成环境不同而异，可含孢粉、植物、轮藻、昆虫、鱼类、介形虫、叶肢介及脊椎动物的化石等，有时含量很丰富。在滨海泻湖及河口三角洲沉积中常有海陆交互相的化石群。

陆生生物虽然种类繁多、数量丰富，但因其生活环境大部分是受到剥蚀的地区，因而保存为化石的机会较少。陆生生物的化石主要保存于湖泊、沼泽沉积中，河流沉积中含量一般较少。

【关键术语】

环境；生态因子；水生生物；底栖生物；游泳生物；浮游生物；陆生生物；生物环境分区。

【思考题】

1. 环境的含义是什么？影响生物分布的主要环境因素有哪些？
2. 简述生物的生存条件。
3. 简述生物的环境分区及各环境区的生物特点。
4. 简述水生生物的生活方式。
5. 简述游泳生物和浮游生物的特点。
6. 简述居群、群落和生态系的基本概念。

第五章　原核生物界(Monera)

【本章核心知识点】

本章主要介绍原核生物的基本特征；蓝藻门及叠层石。

(1) 原核生物为不具真核的原核细胞生物，个体微小，多为球状、杆状或螺旋状。

(2) 叠层石是由菌藻类(主要是蓝绿藻)等生物分泌黏液，黏结细粒沉积物而形成的一种钙质生物沉积构造。

一、原核生物概述

原核生物界(Monera)为不具真核的原核细胞生物，在细胞组成上缺少细胞核和由膜包被的细胞器。原核生物个体微小，一般仅一至几微米，多为球状、杆状或螺旋状，如念珠藻(*Nostoc*)、鱼腥藻(*Anabaena*)。现代生存的原核生物主要包括真细菌、放射菌、古细菌和原绿藻等。它们是现在自然界中数量巨大和分布广泛的生物类群。

古菌类是一类特殊的原核生物，它们往往生活在贫氧的沼泽、盐湖和酸性温泉或动物消化系统等极端环境中。真细菌分布非常广，在其细胞结构上往往有一些特殊化的鞭毛或纤毛，以利于这些细小生物适应于潮湿的环境或附着在一些特殊有机体的表面。蓝细菌又称为蓝藻，是一类可以进行光合作用的原核生物，常常在富营养化的污染水体中大量繁殖而形成水华。

早期地层记录中的生命痕迹主要为古细菌和真细菌。原核生物在地史上出现最早，在33亿~35亿年前就产生了厌氧的细菌类。蓝细菌在叠层石的形成中起着十分重要的作用。蓝细菌的细胞在前寒武纪叠层石中就可以观察到，原核生物也是寒武纪后形成叠层石的重要生物类别。

二、蓝藻门(Cyanophyta)与叠层石(Stromatolites)

1. 蓝藻门

蓝藻即蓝绿藻，以含蓝绿色素而得名。细胞微小，单细胞个体一般为$1\sim25\mu m$，无真正的细胞核，主要靠细胞分裂进行繁殖，分裂后子细胞常连在一起，形成球状、丝状等各种群体。蓝藻体外常有一层胶质衣鞘，衣鞘矿化或黏结钙质颗粒后可形成化石。

蓝藻类自太古宙出现，延续至今，它是地史上最早出现的放氧生物。现生蓝藻分布广泛，在淡水中大量繁殖常形成水华。化石蓝藻类常见于海相地层。地史中普遍而有意义的是以蓝藻为主及其他菌、藻类参与沉积形成的叠层状构造，即称为叠层石。

2. 叠层石

叠层石是由生物作用和沉积作用相互影响而形成的一种生物沉积构造。由低等微生物(主要是原核生物蓝绿藻)的生命活动所引起的周期性矿物沉淀、沉积物的捕获和胶结作用而形成。

1) 叠层石的形态

叠层石的基本构造单元是基本层，又叫生长层，它通常由一个暗层(富含有机质层)和一个亮层(微粒层)构成。从宏观外部形态看，叠层石的基本层通常由一系列的碳酸盐纹层堆积成各种不同的形态，而纹层的形成与藻类生长周期有关，以24h为沉积周期(图5-1)。(1)暗层，又称富藻纹层，是菌、藻的复杂有机质组合，由微晶斑点或团块、气泡腔、藻体及藻体所吸附的碎屑颗粒组成，藻类组分含量多；(2)亮层，又称富屑纹层，微粒是被藻类黏结的沉积物颗粒，碳酸盐碎屑颗粒结晶相对较好，碎屑组分含量多，有机质较少。两种基本层叠置出现，即形成叠层体。

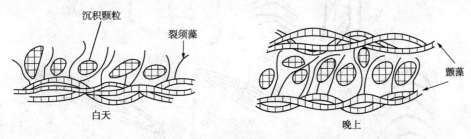

图 5-1　现代叠层石的形成过程示意图(据原武汉地质学院古生物教研室，1980)

叠层石基本层的形态多样，主要有拱形、锥形、箱形。基本层互相叠合形成向上呈拱形的柱体，柱体形态按外形可分为层状、圆柱状、球状、波状、锥状、杯状或块状柱体(图5-2)。叠层石柱体有不同方式的分叉和微下凹的连接桥。柱体的体壁类型有无壁、局部壁、单层壁、多层壁。柱体表面形成各种纹饰(刺、瘤、环脊、檐等)(图5-3)。柱体增长构成叠层石体，并聚生构成叠层礁。

柱体的分叉和愈合具有时代意义：不分叉的柱状叠层石开始出现于25亿~27亿年前的地层中，以锥叠层石(Conophyton)为主；分叉的柱状叠层石繁盛于距今6.5亿~20亿年期间，这段时间也是叠层石最繁盛的时期。

2) 叠层石的形成

藻类生长随季节而变化，与沉积作用共同形成叠层石(图5-4)。藻类的过度繁盛引起pH值快速升高，加速碳酸盐沉积，而碳酸盐沉积太快，就会抑制藻类生长，藻体减少后造成pH值降低，从而导致碳酸盐沉积又减慢。藻类生长与沉积作用相互制约，交替形成藻层和沉积物。藻体活动受季节变化影响，夏季沉积片层较厚，春、秋次之，冬季和早春较薄。此外，地壳表面气候和沉积条件变化也对叠层石的生长产生影响。

叠层石的形成需要一定的环境和条件。影响叠层石形成的环境和条件主要包括：(1)主要生长于潮间带；(2)蓝藻藻丛发育；(3)有一定数量的沉积颗粒提供给藻类吸附；(4)水底的底流不太强烈，底质相对稳定；(5)生长速度大于剥蚀速度；(6)在生长过程中叠层石能迅速固结，否则就会垮塌，不能具备形态学特征。

叠层石的形态与环境能量的关系密切，潮间带中，能量越高越有利于形成柱状叠层石，而潮下带则恰恰相反，能量越低越有利于形成柱状叠层石(图5-5)。但是，叠层石的形态受多种因素的影响，因而仅从叠层石的形态类型无法判断其形成时水动力的能量。

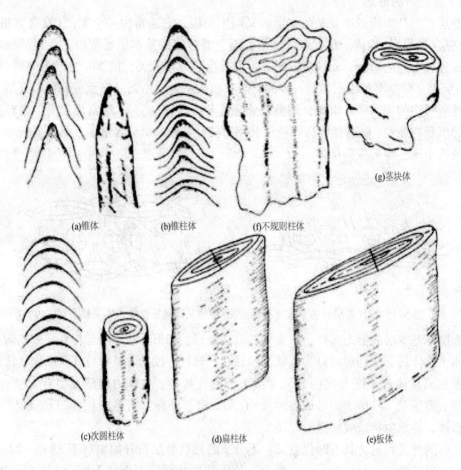

(g)茎块体

(a)锥体　　(b)锥柱体　　(f)不规则柱体

(c)次圆柱体　　(d)扁柱体　　(e)板体

图 5-2　叠层石柱体形态

3）叠层石的分类与研究意义

叠层石不同于一般的生物化石，对其的分类与命名，目前尚无统一的意见，但多数研究者采用双名法。在分类级别上可使用独特的类（type）、亚类（subtype）、超群（supergroup）、群（group）、型（form）五级分类系统。叠层石常见的类型有：柱状叠层石、球状叠层石（核形石）、层状叠层石（层纹石）（图 5-6）。

叠层石是地球上最古老的生物化石之一，最老的叠层石发现在西澳大利亚皮尔巴拉地区距今 35.2 亿年的岩石中。叠层石在元古宙最为繁盛，中奥陶世后开始衰落，但至今在一些海湾和湖河中仍有少量现代叠层石存在。

叠层石生长环境极为多样，从海滨潮间带至潮下带，从海洋至淡水湖泊均有分布。由于柱状叠层石的形态随着时间的演化而有规律性地变化，因而它们可以作为晚前寒武纪地层划分和对比的标志。目前，世界上一些地质学家和古生物学家已广泛运用叠层石组合特征来划分晚前寒武纪地层，划分精度达 2 亿年左右。一些由叠层石组成的石灰岩具鲜艳的色彩和美丽的花纹，可作高级建筑材料，如中国北方的元古代地层中即盛产叠层石。还有一些叠层石是由磷、铁等矿物组成的，它们本身就是具有工业价值的矿产。

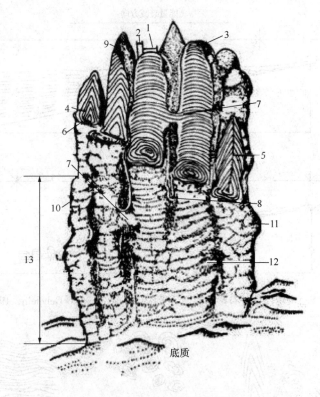

图 5-3　叠层石形态构造图解(据高振家，1977)

1—轴部；2—侧部；3—拱形基本层；4—锥形基本层；5—轴管；6—直径；
7—连接桥；8—分叉；9—体壁；10—刺；11—瘤状突起；12—环脊；13—柱体长度

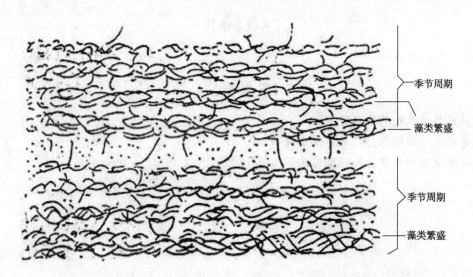

图 5-4　藻层结构中有机物和沉积物互层示意图(据刘志礼，1990)

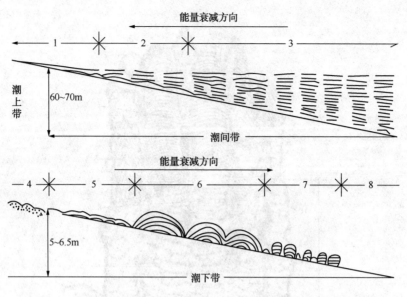

图 5-5　现代叠层石形态侧向分带（据 Logan，1961；Gebelein，1969）

(a) 柱状叠层石　　　　(b) 球状叠层石(核形石)　　　　(c) 层状叠层石(层纹石)

图 5-6　叠层石的主要类型

【关键术语】

原核生物，叠层石。

【思考题】

1. 简述原核生物的基本特征。
2. 简述叠层石概念，叠层石形态特征。
3. 简述叠层石的分类及研究意义。

第六章　原生生物界（Protista）

【本章核心知识点】

本章主要介绍原生生物的基本特征；动物状原生生物——原生动物鋌类的形态、结构构造、分类、地史分布与生态特点。

（1）原生生物是一类最简单的真核生物，包括植物状原生生物和动物状原生生物。

（2）鋌亚目，是一类早已绝灭的、具钙质微粒多房室包旋壳的有孔虫。

第一节　原生生物界及其分类

原生生物（Protista）是最简单的一类真核生物。个体较小，一般都是单细胞个体，也有些为多个细胞的群体或多细胞体。真核细胞通常较原核细胞大得多，其中包含一些专门的由膜包被的细胞器，如线粒体、内质网、叶绿体和细胞核。

自然界中的原生生物多样性很高，生活于淡水、海水或陆上潮湿土壤中，有些类型营寄生生活。

原生生物界包括三大类群：（1）植物状原生生物——藻类（algae）；（2）动物状原生生物——原生动物门（Protozoa）；（3）真菌状原生生物——黏菌和水霉。

1. 植物状原生生物——藻类

藻类是一种具有纤维素细胞壁的植物状原生生物。它们含有叶绿素，能进行光合作用，为单细胞、群体或多细胞生物，分布于海洋和淡水的各种生态区域中，主要有两种生态习性，即浮游和底栖。

藻类的进一步划分的主要依据为其所含色素的种类，并可结合细胞结构、细胞壁的化学成分、生物体形态及鞭毛的有无、数目、着生位置和类型等，主要类型可以归纳为 10 余个门类。

2. 动物状原生生物——原生动物门

原生动物是一类无叶绿素、缺少细胞壁的异养真核单细胞原生生物。根据其类器官的结构、运动和生殖方式以及核酸系列可以划分为若干类群。

3. 真菌状原生生物

真菌状原生生物与真菌不同，有一个活动性的似变形虫繁殖阶段。真菌状原生生物主要包括黏菌（slime molds）和水霉（water molds）两种，前者主要生活于森林中阴暗潮湿的地方，或者是水生态系统中重要的腐生和寄生生物。这类生物的化石十分罕见。

第二节　原生动物门(Protozoa)

一、概述

原生动物门是一类最低等的真核单细胞生物。原生动物个体微小，由一团细胞质和细胞核组成，没有真正的器官，但其细胞产生分化，形成"类器官"，通过类器官完成新陈代谢、运动、呼吸、感觉、生殖等各种生理机能。有些原生动物具有骨架或可以分泌坚硬的外壳。

原生动物分布广泛，生活在淡水、海水以及潮湿的土壤中，有的营寄生生活。

原生动物门根据运动类器官的有无及其类型，可划分为4个纲：鞭毛虫纲、孢子虫纲、纤毛虫纲和肉足虫纲。

二、肉足虫纲

肉足虫纲生活于淡水、海水中，少数营寄生生活。部分肉足虫类具硬壳，可保存为化石，其中较重要的是放射虫目和有孔虫目。

三、有孔虫目(Foraminiferida)

有孔虫是原生动物门肉足虫纲的一类水生动物。有孔虫的壳由若干个房室构成，由细胞质分泌物或细胞质分泌物黏结外来物质构成，原始的有孔虫仅具假几丁质壳，壳上有口或小孔，壳径一般小于10mm，最简单的壳仅有一个房室。多房室壳的排列方式各类不同。其最早形成的房室称为初房，最后形成的房室称为终房，终房顶端的开口称为口孔。分割房室的壳壁称为隔壁，相邻房室间的分界线称为缝合线(图6-1)。

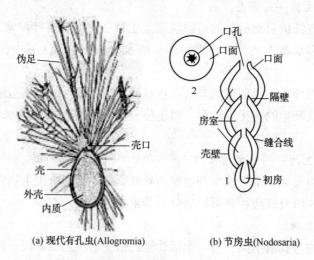

(a) 现代有孔虫(Allogromia)　　　(b) 节房虫(Nodosaria)

图6-1　有孔虫的基本构造(据何心一等，1993)

1—纵切面；2—顶现

依据壳体成分及其结构、口孔特征、房室多少及排列方式和形状，有孔虫可分为6个亚目：奇杆虫亚目(Allogromiida)，串珠虫亚目(Textulariida)，内卷虫亚目(Endothyriida)，鏇亚目（Fusulinida），小粟虫亚目（Miliolida），轮虫亚目（Rotaliida）。其中，䗴亚目化石是一类绝灭生物的化石类型，演化迅速，分布广泛，是石炭纪、二叠纪的重要化石类群，具有重要的生物地层学意义。

四、䗴亚目（Fusulinida）

䗴亚目（又名纺锤虫亚目）是一类早已绝灭的、具钙质微粒多房室包旋壳的有孔虫。䗴个体微小，一般为 3~6mm，最小不足 1mm，大者可达 30~60mm。

1. 䗴亚目壳体形态及基本构造

䗴亚目具多房室包旋壳（图 6-2），常呈纺锤形或椭圆形，有时呈圆柱形，少数呈球形、透镜形或在晚期时壳圈松开。

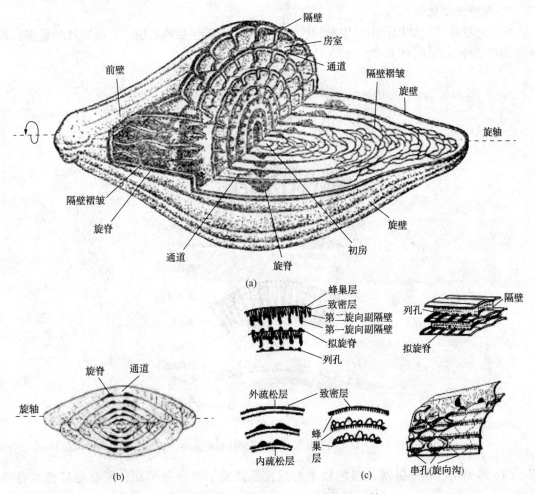

图 6-2　䗴壳基本构造（据范方显，1994；何心一等，1993）

䗴壳的初房位于壳中央，多为圆形。初房上的圆形开口是细胞质溢出的通道。细胞质不断增长并阶段性地分泌壳质形成的壳壁叫旋壁，旋壁围绕一假想轴增长，同时向轴的两端伸展，包裹初房，此轴称为旋轴。旋壁前端向内弯折形成隔壁，两条隔壁之间即为一个窄长的房室。按此方式依次增长可形成多房室。旋壁绕旋轴一圈即构成一个壳圈。终室前方的完壁称为前壁，前壁上不具口孔，而靠壁孔与外界相通。

籐壳隔壁基部中央有一个开口，各隔壁的开口彼此贯通形成通道。通道两侧有次生堆积物，随通道从内到外盘旋的两条隆脊叫旋脊。有的籐类具几个甚至十几个通道，称为复通道。某些高级的籐类，在隔壁基部有一排小孔，叫列孔，其功效与通道相同。列孔旁侧可形成多条次生堆积物，叫拟旋脊。部分旋脊不发育的籐，沿轴部可有次生钙质物充填，叫轴积。

2. 籐壳构造的变化

1) 壳形的变化

籐壳形状多样，常以长、宽等指数表示。壳长指平行于轴向上壳的最大长度；壳宽是垂直于轴向上壳的最大宽度。按长、宽比例可将籐壳归为长轴型、等轴型、短轴型 3 类。

2) 旋壁的变化

籐壳旋壁具分层结构，由原生壁和次生壁组成。前者包括致密层、透明层及蜂巢层；后者包括内、外疏松层(图 6-2，图 6-3)。

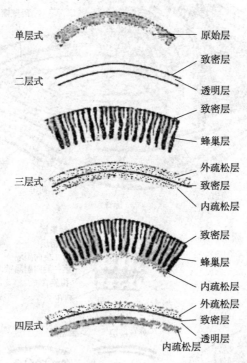

图 6-3　籐壳旋壁分层和旋壁类型(据范方显，1994)

(1) 致密层，是一层薄而黑色致密的层，显微镜下呈一条黑线，所有的籐都具有致密层。

(2) 透明层，在致密层之内，为一浅色透明的壳质层。

(3) 蜂巢层，位于致密层之内，为一较厚而具蜂巢状构造的壳层，在垂直旋壁的切面上呈梳状。

(4) 疏松层，通常为不太致密且不均一的灰黑色层，附在致密层的表面。位于致密层之外的叫外疏松层，位于壳壁内表面的叫内疏松层。终壳圈的外表面不见外疏松层，说明它们是一种次生堆积。

旋壁结构是䗴分类的重要依据之一。不同䗴类具有不同的旋壁构造，归纳起来可分为4种类型(图6-3)。

(1)单层式，旋壁仅由一致密层组成。有些原始䗴类旋壁仅由一层浅灰色的疏松物质组成，称为原始层。

(2)双层式，可分为两种类型：一是由致密层及透明层组成，称为古纺锤䗴型旋壁，如古纺锤䗴(*Palaeofusulina*)；二是由致密层及蜂巢层组成，称麦䗴型旋壁，如麦䗴(*Triticites*)。

(3)三层式，旋壁由致密层和内、外疏松层组成的称原小纺锤䗴型旋壁，如原小纺锤䗴(*Profusulinella*)。此外，在一些高级䗴类中，旋壁由致密层、蜂巢层及内疏松层组成，称费伯克䗴型旋壁，如费伯克䗴(*Verbeekina*)。

(4)四层式，旋壁由致密层、透明层及内、外疏松层组成，称小纺锤䗴型，如小纺锤䗴(*Fusulinella*)。

3)隔壁的变化

䗴类隔壁可为平直或褶皱。褶皱的隔壁从两端褶皱发展到全面褶皱，隔壁褶皱的强烈程度因属种而异。个别的属相邻隔壁的褶皱相向翘起并彼此接触不达内圈的旋壁，形成一条条垂直旋轴方向的连续通道，这些通道称为旋向沟。

4)副隔壁

在二叠纪出现的许多䗴中，其蜂巢层局部规则地下延聚集形成比隔壁略短的薄板，叫副隔壁。副隔壁的方向与旋轴平行的叫轴向副隔壁；与旋轴垂直的叫旋向副隔壁。如新希瓦格䗴(*Neoschwagerina*)便具有两种副隔壁。

䗴类个体小，而且壳包旋，其内部构造必须切制薄片在显微镜下观察，一般主要用下面几种切面：(1)轴切面，即通过初房平行于旋轴的切面；(2)旋切面，通过初房垂直于旋轴的切面；(3)弦切面，未通过初房，平行于旋轴的切面(图6-4)。

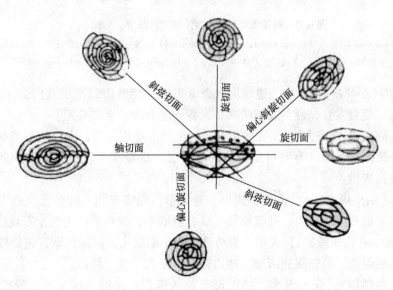

图6-4　䗴壳切面方向

3. 蜓亚目分类及典型化石代表

根据蜓壳的旋壁类型和隔壁等特征以及旋脊和拟旋脊的有无，蜓亚目可分为 2 个超科，6 个科。典型化石代表如图 6-5 所示。

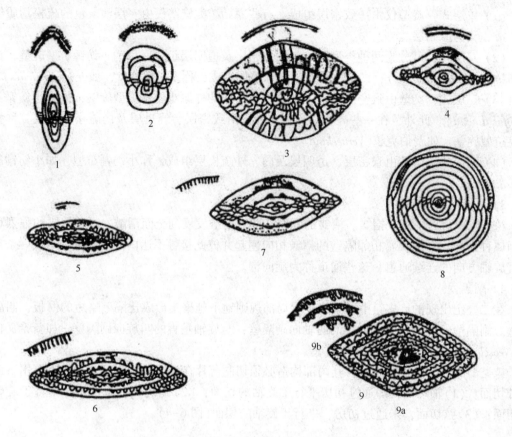

图 6-5　蜓类常见化石属例（据门凤歧等，1984 等）

1—*Ozawainella*（C）；2—*Pseudostaffella*；3—*Palaeofusulina*（P）；4—*Fusulinella*（C）；5—*Fusulina*（C）；

6—*Schwagerina*（C~P）；7—*Triticites*（C）；8—*Verbeekina*（P）；9—*Neoschwagerina*（P）

Ozawainella（小泽蜓），壳小，透镜形，壳缘尖锐。旋壁由致密层及内、外疏松层组成。隔壁多而平直。旋脊发育，延至旋轴两端。发育于晚石炭世至二叠纪。

Pseudostaffella（假史塔夫蜓），壳微小到小，椭圆形或近球形，壳缘宽圆或平。旋壁由致密层及内、外疏松层组成，有时可见极薄的透明层。旋脊非常发育，常延伸到两极。隔壁平。发育于晚石炭世。

Eostaffella（始史塔夫蜓），壳微小到小，透镜形，壳缘窄圆，旋壁薄，低等者由原始层组成，较高等者由致密层及内、外疏松层组成。隔壁平，旋脊小。发育于石炭纪。

Palaeofusulina（古纺锤蜓），壳小，粗纺锤形，中部膨大，两端钝圆，包旋较紧。旋壁由致密层和透明层组成。隔壁强烈褶皱，初房较大。发育于晚二叠世。

Fusulina（纺锤蜓），壳小至大，纺锤形至长纺锤形。旋壁为四层式。隔壁全面强烈褶皱。旋脊小，初房较大。发育于中石炭世。

Fusulinella（小纺锤蜓），壳小到中等，纺锤形。旋壁为四层式。隔壁褶皱仅限于两极，

旋脊粗大，初房小。发育于中石炭世。

Schwagerina（希瓦格䗴），壳小到大，多为纺锤形。旋壁为两层式。隔壁强烈褶皱，无旋脊。发育于晚石炭世至早二叠世。

Triticites（麦粒䗴），壳小到大，厚纺锤形到长纺锤形。旋壁由致密层和蜂巢层组成。隔壁褶皱限于两极，旋脊粗大或中等，初房球形。发育于晚石炭世至早二叠世。

Pseudoschwagerina（假希瓦格䗴），壳中等到大。厚纺锤形到亚球形。旋壁由致密层和蜂巢层组成。隔壁平直或微褶皱。发育于晚石炭世。

Neoschwagerina（新希瓦格䗴），壳大，厚纺锤形。旋壁由致密层及蜂巢层组成。具副隔壁，拟旋脊宽而低，具列孔，初房小。发育于二叠纪。

Verbeekina（费伯克䗴），壳中等到巨大，球形或近球形，壳圈多包卷均匀。旋壁由致密层，由细蜂巢层及薄的内疏松层组成。隔壁平，具列孔。发育于早二叠世。

Misellina（米斯䗴），壳小，粗纺锤形至椭圆形，旋壁由致密层、细蜂巢层及内疏松层组成。隔壁平，拟旋脊发育，低而宽，列孔多。发育于早二叠世。

4. 䗴亚目的生态与地史分布

䗴类是一类浅海底栖动物，生活于水深 100m 左右的热带或亚热带的平静正常浅海环境。

䗴类最早出现于早石炭世晚期，早二叠世达到极盛，晚二叠世开始衰退，至二叠世末全部绝灭。䗴类分布时限短，演化迅速，地理分布广泛，是石炭纪、二叠纪地层划分对比的重要标准化石。

【关键术语】

原生生物；原生动物门；䗴亚目。

【思考题】

1. 简述原生生物界的基本特征及主要类群。
2. 简述原生动物门的基本特征及分类。
3. 䗴类的分类位置及主要基本构造有哪些？
4. 简述䗴的演化及地史分布。

第七章 动物界(Animalia)

【本章核心知识点】

本章系统介绍了动物界各门类的基本特征，针对古生物研究的特点，重点描述了主要化石门类的结构构造、鉴定特征、演化趋势、时代分布、生态特征及其地质意义。

(1) 无脊椎动物门类众多，常见的化石类群有海绵动物门、古杯动物门、腔肠动物门、软体动物门、节肢动物门、腕足动物门、半索动物门等。

(2) 脊椎动物亚门为脊索动物中最高等的一类，动物身体有头、躯干和尾的分化，又称有头类，脊椎动物亚门分为2个超纲、9个纲。

动物界是靠捕食它类生物获得能量且能运动的生物。动物一般都具有运动能力并表现出各种行为，营异养生活，体内消化。人们在自然界所观察和记述的生物中，大约有2/3以上的种类属于动物。一般根据其是否有脊椎可以明显地划分为两类，一类是无脊椎动物(invertebrates)，另一类为脊椎动物(vertebrates)。无脊椎动物是身体不具备脊椎的动物的总称。与脊椎动物相比，除了没有脊椎以外，还在于其身体结构比较简单，尤其是神经系统没有分化，神经中枢呈索状，位于消化管的腹侧，某些种类具有类似心脏的结构，位于消化管的背侧，骨骼系统大多为外骨骼。无脊椎动物类群众多，其进一步划分的主要依据为动物体组织结构的分化及功能器官的发育特点，常见的化石类群有海绵动物门、古杯动物门、腔肠动物门、软体动物门、节肢动物门、腕足动物门、半索动物门等。脊椎索动物是动物界中最高等的类群，其结构复杂，形态及生活方式极为多样。

第一节 海绵动物门(Spongia)

一、概述

海绵动物门或称多孔动物门(Porifera)，它的体壁具有许多小孔。海绵动物门从寒武纪以前已经出现并一直延续到现代，是多细胞动物中最原始、最简单的一类，其细胞虽已分化，但无组织及器官，且没有真正的胚层，属二胚层细胞动物。海绵动物多为群体，少量单体，其外形变化较大，群体常呈树枝状、块状、片状或不规则状。单体一般为高脚杯形、瓶形、球形或圆柱形。海绵体大小不一，小者数毫米，大者可达2m。

海绵体壁多孔，有水道贯穿其中，体内有一个中空的中央腔，其上端开口，为出水孔，体壁外表上为入水孔。水从体表的入水孔经体壁进入海绵腔，又经出水孔排出体外，籍以完成呼吸、获食、排泄等生理活动。大多数海绵具有机质、硅质或钙质骨骼。

海绵动物具特有的贯穿体壁的许多沟道，以供水流出入，称水道系统(或水沟系)。水沟系或简单或复杂，基本类型有3种(图7-1)：(1)单沟型，水自入水孔流入海绵腔，经出水孔排出体外。由襟细胞组成海绵腔的内壁，为简单类型。(2)双沟型，较复杂，相当于单沟型的体壁凹凸折叠而成。襟细胞在鞭毛室的壁上，水流由入水孔经鞭毛室到海绵腔，再从出水孔排出。(3)复沟型，最为复杂，管道分叉多，中胶层内有具襟细胞的鞭毛室，水流经过入水孔、流入沟、鞭毛室、流出沟到达海绵腔。绝大多数海绵属于复沟型。海绵动物营水生底栖固着生活，海绵从流经体内的水流中获取食料和氧气，同时将废物排出体外。海绵的消化作用和原生动物一样，在细胞内进行，没有形成专司消化的组织。

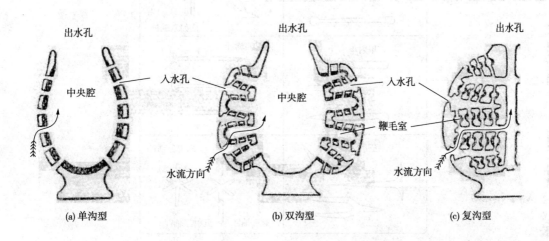

图7-1　海绵纵剖面模式图(示水道系统，据杨家骒，1980)

　　海绵具有无性和有性两种生殖方式，无性生殖时，在母体中产生芽体，芽体通常不脱离母体，所以形成群体。有性生殖时，生殖细胞位于中胶层中，受精卵发育成幼虫，经出水孔排出体外，在水中漂浮一段时间后，沉落水底定居下来，发育成新个体。

二、海绵动物硬体特征

　　多数海绵具有骨骼，且能形成化石，其骨骼由中胶层内造骨细胞分泌而成，主要有两类：一种为骨针(图7-2)，即针状、刺状小骨骼；另一种为骨丝，即丝状骨骼。骨丝(海绵丝)是一种有机质的丝状骨骼，易腐烂而不易保存成化石，可单独存在或连接骨针。

　　骨针为钙质或硅质，通常位于海绵体内，用以支撑身体，但也有突出体外者。骨针或分散，或相接，或互相穿插成骨架，成骨架者保存成化石后，可以保持海绵体原有的外形。骨针按其大小可区分为大骨针和小骨针两类，通常所见化石多属大骨针，其长度大于100μm；而小骨针多星散在中胶层内，不易形成完整化石，其长度介于10~100μm之间。

　　描述骨针形态时常用"轴"、"射"两词，"轴"指骨针数目，大骨针一般可分为单轴针、双轴针、三轴针及四轴针4种；"射"指骨针自中心向外放射的方向，即尖端的方向。单轴针可分为单射单轴针和双射单轴针；双轴针常为四射；三轴针有三射、四射、五射和六射；四轴针一般为四射和八射；有的骨针为多轴多射。骨针表面一般光滑，但某些硅质骨针具有瘤、节、刺、末端分叉或呈不规则形状。

　　海绵动物门的分类依据主要为骨骼性质和成分，但各家分类不一。一般将其分为4个纲：钙质海绵纲（Calcarea），普通海绵纲（Demospongia），六射海绵纲（Hexactinellida）［也称玻璃海绵纲（Hyalospongea）］，异射海绵纲（Heteractinellida）。另外还有分类位置不明的托盘类或称葵盘石类（Receptaculitida）。

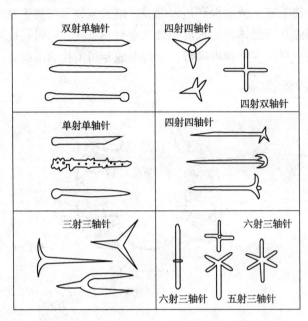

图 7-2　海绵骨针形态（据杨家騄，1980）

三、海绵动物生态特征及地史分布

现代海绵动物绝大多数生活在海洋里，淡水中生活的只有角针海绵目的少数代表。它们在水底固着生活，靠吸收、消化水中微小生物而生存，并与许多小型动物和植物共生，有的微小动物甚至可寄生在海绵动物体内。同时，它们又是许多腹足动物等的食料。

钙质海绵动物主要生活在水深小于100m的范围之内，但从滨海至深水（最深2195m）都有分布。海生普通海绵动物分布于滨海至半深海。六射海绵动物主要生活于大陆斜坡及其以下的深海底。少数发现于90~200m水深的范围内。在南极水层之下的六射海绵生活于较浅水域。现代海绵可在各种纬度出现：普通海绵主要出现于温暖海洋，少数可出现在高纬度海域；六射海绵集中于亚热带和热带区域，少数出现于南极洋附近；钙质海绵生活于温热的海域。海绵动物的形态、骨针类型可以作为推测水深、温度、水质、盐度、能量的标志。

据统计，海绵动物化石约有1000余属，它们在前寒武纪即已开始出现，但数量不多，如非洲刚果前寒武纪地层中有保存不好的钙质海绵化石；原苏联卡累利阿和叶尼塞山的中元古代地层中找到过硅质单轴海绵骨针化石。我国南方震旦系陡山沱组中有 Protospongia，寒武纪海绵动物出现了3个纲的代表，其中以六射海绵类和普通海绵类数量较多，至泥盆纪出现了真正的钙质海绵纲的代表；石炭纪、二叠纪硅质及钙质海绵化石均较丰富；三叠纪化石数量较少，异射海绵类在中三叠世后绝灭；侏罗纪、白垩纪又是海绵的繁盛时期，3个纲都很发育，并出现了淡水类型；新生代海绵化石较少。

第二节 古杯动物门（Archaeocyatha）

一、概述

古杯动物是早已绝灭的海生底栖动物。多数为单体，少数为复体，因外形似杯，故有"古杯"一名。常见的单体古杯动物为倒锥形、圆柱形、环形、盘形等，复体古杯动物多呈链状、树枝状或块状（图7-3）。杯体相差悬殊，小的杯体直径仅1.5~3mm，大者可达500~600mm，一般为10~25mm。

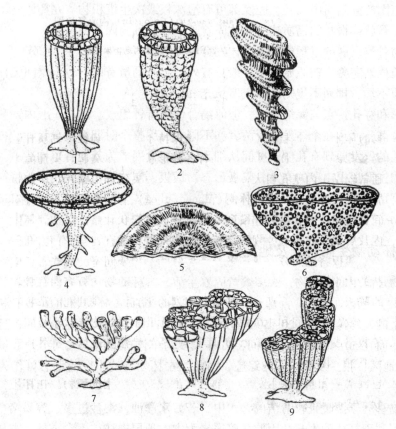

图7-3 古杯动物外形（据 Rigby，Gangloft，1987）
1~6—单体；7~9—复体

到目前为止，对古杯动物软组织的了解是有限的，沃罗格金根据对一块具有柔软组织痕迹的阿雅斯古杯（*Ajacicyathus*）的研究，认为多层状的柔软组织充满了中央腔、壁间及外壁表面，呈弯曲管道状，可能营消化作用与呼吸作用。

二、古杯动物硬体特征

古杯动物的杯体是由两层互不接触且距离保持不变的倒圆锥形钙质骨骼套合而成的。外面的多孔钙质薄板称外壁，常带有各种形状的大小突起。里面的多孔钙质骨板称内壁，内壁通常较厚。内壁孔粗大，内壁上的孔向中央延伸出鳞片状、刺状或筒状等各种附连物。内壁形成较外壁晚，在杯体的始端没有内壁。有的个体里只有外壁而无内壁。内、外壁间的空间称壁间，内具纵列和横列的钙质骨板或管状骨骼，以加固杯体和支持软体。隔板为壁间内放射状纵向排列的规则薄板，与内外壁相垂直，其上有孔，孔径比外壁孔大，比内壁孔小。由隔板将壁间分割成许多长条形空间，称壁间室。有些古杯壁间具曲板，曲板是一种多孔且大小、厚度不一并强烈弯曲与分叉的骨板。一般认为，曲板是不规则的隔板。壁间有时还有一种横向排列的平直或微拱具孔的薄板，叫横板。横板孔大小与隔板孔一致。在壁间和中央腔内还有一种无孔上拱的泡沫状小板，叫泡沫板。有的隔板（或曲板）之间有断面呈圆形的棒状骨骼相连结，称骨棒。少数古杯动物的壁间具管状骨骼。

内壁所包围的空间叫中央腔，腔底部可有泡沫板或次生沉积物。在杯体的始端或底部常有一似带状、管状或根状的钙质物将杯体固着于海底，称为固着根。

古杯动物骨骼发展的过程中，在个体发育早期仅生长外壁，然后局部产生隔板和内壁，随个体的增长逐渐完善。较原始类型一般只有外壁；有的虽有内壁，但壁间无任何骨骼；有的壁间被厚薄不均、排列不规则的曲板所填充。

古杯外形和穿孔特点与海绵相似，但海绵骨骼由骨针组成，无真正的内壁和外壁，也没有各种板状骨骼，而且在个体发育上两者亦不同。海绵整个时期都发育骨针，古杯动物在发育早期从无孔的壁发展到有孔壁，壁间从细小的骨棒发展成为其他骨骼构造。

古杯动物主要根据内壁的有无，隔板形态，横板、泡沫板和壁孔类型等特征作为分类依据。古杯动物可分为 4 个纲：单壁古杯纲（Monocyathea）、隔板古杯纲（Septoidea）、曲板古杯纲（Taenioidea）和管壁古杯纲（Aphrosalpjngidea）。

三、古杯动物生态特征及地史分布

古杯动物是海生底栖生物，大多数营固着生活。古杯动物化石多保存在各种灰岩中，并经常和三叶虫、腕足动物、软舌螺、层孔虫等共生，说明古杯动物生活在正常的浅海环境中。并据共生的蓝绿藻推测，20~50m 的水深区域是古杯动物最繁盛的地区，且往往与藻类等共同造礁；而在 50~100m 深度之间，古杯大多为单体、壁薄、壁间窄，数量少；在超过 100m 深度的地区，很少发现它们的踪迹。因此，古杯动物的丰度与形态可作为推测水深的标志。

古杯动物喜居于温暖且较清洁的海水中，若海水浑浊，泥沙过多，容易堵塞壁孔或将杯体掩埋，则不利于杯体的生长。因此，碎屑岩为主的地层内往往不含古杯。古杯动物礁较少见，常见的是古杯丘或古杯层，估计可能在南北回归线之间的温暖海洋中形成。古杯动物适应于正常盐度的海水，在氧化镁含量高的白云岩中难于发现此类化石。因而古杯动物也是一类很好的指相化石。

从寒武纪一开始就出现了古杯动物的代表，并且 4 个纲同时存在，推测其始祖起源于寒武纪之前，目前已发现一些可疑化石。早寒武世为古杯动物最繁盛时期，该时期古杯动物遍布世界各地。由于古杯动物对环境的适应能力差，因此到中寒武世仅存在于少数地区，如前苏联、南极洲等，以后基本绝灭，仅在前苏联乌拉尔的志留系中发现少数子遗属种。现在已描述的古杯化石达 370 余属，600 余种。

第三节　腔肠动物门(Coelenterata)

一、概述

腔肠动物是一类低等的多细胞动物，细胞已有了明显的分工，而且形成了原始的组织。具有原始的消化系统、神经肌肉系统。因具消化食物的中央腔——腔肠，故名腔肠动物。腔肠动物种类繁多，如水母、水螅、海葵、珊瑚等。腔肠动物大多为海生，少数生活在淡水中。

腔肠动物身体呈辐射状或两侧对称，一般营海生底栖固着生活，单体或群体均有；体壁具二胚层，即内、外胚层，两胚层之间有中胶层；具肌肉和神经组织，有的还具有捕食的刺细胞；个体内有一袋形的消化腔，其上中心有口，既是食物又是废物的进出之处；口的周围有一圈或多圈触手；外胚层分泌钙质或角质外骨骼，但有的腔肠动物不具造骨能力。

根据体形，腔肠动物可分为水螅型和水母型两种(图7-4)，生殖方式分为无性生殖和有性生殖，有世代交替现象。水螅型营固着底栖生活，外形圆筒状；水母型营浮游生活，身体呈圆盘状，中胶层较厚。根据软体和骨骼特征，腔肠动物一般分为水螅纲、钵水母纲和珊瑚纲等。

水螅纲和钵水母纲化石少，只是珊瑚纲保存有大量重要化石。

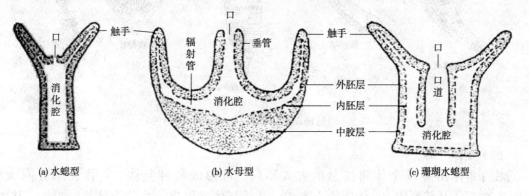

图7-4　腔肠动物的基本体型(水母型为倒置)(据范方显，1994)

二、珊瑚纲(Anthozoa)

珊瑚纲包括现代的海葵、石珊瑚、红珊瑚和已绝灭的四射珊瑚、横板珊瑚等，全为海生，单体或群体。珊瑚大多具外骨骼，以钙质为主。根据软体和硬体的特点(如触手、隔膜的数目与排列、骨骼性质及特征)，珊瑚纲一般划分为四射珊瑚亚纲、六射珊瑚亚纲、横板珊瑚亚纲、钝胶珊瑚亚纲、八射珊瑚亚纲和菟海葵珊瑚亚纲(又称多射珊瑚亚纲)。其中四射珊瑚亚纲和横板珊瑚亚纲具有重要的地层学意义。

1. 四射珊瑚亚纲(Tetracorallia)

1) 珊瑚体外形

四射珊瑚是一类已绝灭的古代珊瑚，其外壁表面即表壁上有较细的生长纹、生长线或较粗的生长皱，故又称皱纹珊瑚(Rugosa)。据其软体构造和分泌骨骼的机能推想，其可能与现代的六射珊瑚相似。生活着的珊瑚软体称珊瑚虫，它分泌的全部骨骼称为珊瑚体。珊瑚虫中，营单独生活的称单体，群集在一起生活的称群体。保存为化石的均属于珊瑚的硬体部分，所以四射珊瑚硬体又可分为单体和复体。

（1）单体外形。

单体珊瑚适应性较强，外形变化多，但多数呈角锥状或弯锥状。又可根据珊瑚顶角大小和弯直程度细分为：狭锥状——顶角尖锐，约20°；阔锥状——顶角约40°；陀螺状——顶角约70°；荷叶状——顶角约120°；圆盘状——顶角近180°；圆柱状——除始端成锥状外，珊瑚体在生长过程中，直径保持不变；若生长方向有变化，而珊瑚体直径不变，就形成曲柱状。另外，有的呈一面扁平、一面凸起的拖鞋状；也有四面扁平，且扁平面在始部成一定角度相交的，称方锥状（图7-5）。

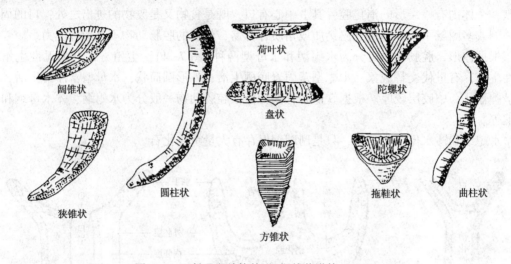

图7-5　四射珊瑚单体外形（据傅英祺等，1994）

（2）复体外形。

由于群体出芽及个体间接触的方式不同，可形成各种复体。复体外形分两大类（图7-6）。①丛状复体，个体间均有空隙。丛状复体又可进一步分为枝状和笙状，其中，枝状复体的个体间彼此不平行；笙状复体的个体彼此近平行排列。②块状复体，个体紧密连接。块状复体又可分为多角状、互通状、互通状和互嵌状，其中，多角星射状复体的相邻单体的部分间壁（外壁）消失，但其隔壁仍彼此交错；互通状复体的间壁全部消失，相邻单体的隔壁互通连接；互嵌状复体的间壁全部或部分消失，个体间以泡沫带相接。

2）四射珊瑚骨骼基本构造

（1）外部构造。

四射珊瑚外部构造包括外壁、表壁、萼部等。外壁和表壁是其外围骨骼，外壁上纵向分布的沟称隔壁沟。表壁脱落或表壁不发育时，能看到隔壁沟。在外壁或表壁上有时具瘤或根状物，用以固着身体。表壁位于外壁表面，发育横向分布的生长线或生长皱。生长线与生长皱的形成与珊瑚生长周期有关。

四射珊瑚初生部分称始端，相对末端称萼部或杯部（图7-7），萼部常具杯状凹陷，为珊瑚虫生活栖息之所。有的类型萼部有盖，称萼盖或杯盖。

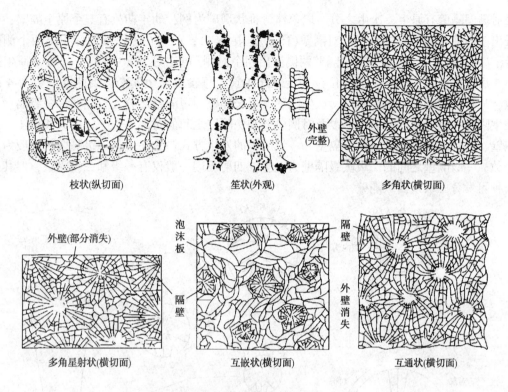

枝状(纵切面) 笙状(外观) 多角状(横切面)

外壁(完整)

外壁(部分消失) 泡沫板 隔壁
隔壁 外壁消失
隔壁

多角星射状(横切面) 互嵌状(横切面) 互通状(横切面)

图7-6 四射珊瑚复体外形(据傅英祺等,1994)

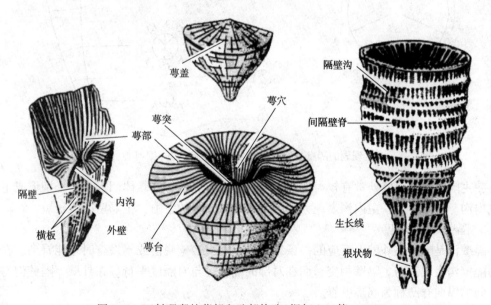

萼盖 隔壁沟
萼穴
萼突 间隔壁脊
萼部
隔壁 生长线
内沟
横板 外壁 根状物
萼台

图7-7 四射珊瑚的萼部和壁部构造(据何心一等,1993)

(2)内部构造。

①隔壁。

a. 隔壁发生及排列。

四射珊瑚体内纵向辐射状排列的板状骨骼称隔壁(图7-8),是四射珊瑚的纵列构造。

四射珊瑚隔壁有原生、次生之分。以单体弯锥状珊瑚为例,幼年期只有 6 个原生隔壁,最先长出主隔壁(图 7-8 中"C")和对隔壁(图 7-8 中"K");然后在主隔壁两侧生出两个侧隔壁(图 7-8 中"A"),再后,在对隔壁两侧生出两个对侧隔壁(图 7-8 中"KL")。6 个原生隔壁形成后,次生隔壁仅在 4 个部位按一定顺序生长,每轮仅增生 4 个。因此隔壁数为 4 的倍数,故称这类珊瑚为四射珊瑚。次生隔壁又有长隔壁和短隔壁之分,长隔壁称一级隔壁,只在主隔壁和侧隔壁之间的主部以及对侧隔壁和侧隔壁之间的对部生长,每次共长出 4 个一级隔壁,直到成年期为止。原生隔壁和一级隔壁的发生方式均为序生,一级隔壁数一般为 4 的倍数。一级隔壁之间的二级次级隔壁为轮生。四射珊瑚一般仅有一级和二级隔壁,但其进化属种可发育三级或四级隔壁。

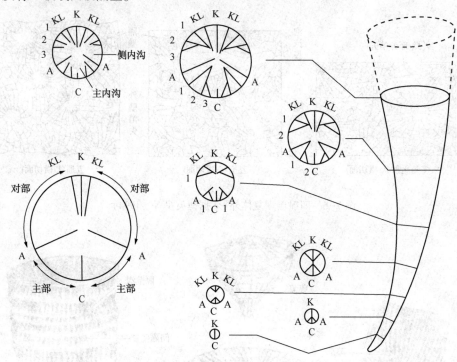

图 7-8　四射珊瑚的隔壁发生顺序及主内沟、侧内沟(据何心一等,1993)

在主隔壁和侧隔壁处常有较大空隙,推知生活时有较多的软体凹入,即分别形成主内沟和侧内沟。在标本上,主内沟表现为主隔壁两侧有较宽的空隙,主隔壁一般较短。

b. 隔壁沟的排列。

隔壁沟是隔壁在外壁上反应的一条纵沟,只有当表壁脱落或不发育时才能看到。在主部侧面隔壁沟表现为与主隔壁相交,而在对部的隔壁沟与对隔壁平行。在外壁上隔壁沟与隔壁沟之间的纵向脊凸称为间隔壁脊。

② 横板。

横板是四射珊瑚的横列构造,为横向排列的板状骨骼,可分为完整横板与不完整横板(图 7-9)。前者指直接横越珊瑚体空腔的横板,后者指有交错或有分化的横板。横板分化一般分为中央横板与边缘斜板,在进化类型中,横板分化为密集上凸的内斜板与边缘横板。

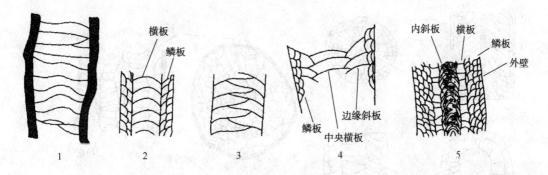

图 7-9　四射珊瑚的横板形态（据傅英祺等，1994）

1，2—完整横板；3—不完整横板；4—横板分化为中央横板和边缘横板；5—横板分化为内斜板和水平横板

③ 鳞板和泡沫板。

鳞板和泡沫板是四射珊瑚的边缘构造。鳞板位于珊瑚体内边缘与隔壁之间，大小、形状比较规则。鳞板变化较多，常见有规则鳞板、人字形鳞板和马蹄形鳞板（图 7-10）。有的珊瑚体内有不规则的弯曲小板，称泡沫板。泡沫板在横切面上表现为凸面朝向中央，与鳞板不同。泡沫板有两种：一种是边缘泡沫板，可切断隔壁；另一种只是泡沫型珊瑚具有的小泡沫板，充满个体内腔。

珊瑚体内鳞板分布的区域称为鳞板带，泡沫板分布的区域称泡沫带，横板带指横板分布的区域，它们互为消长关系。

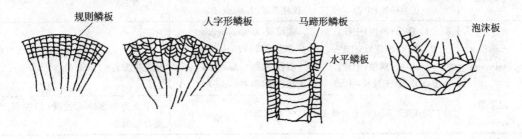

图 7-10　四射珊瑚鳞板与边缘泡沫板的形态（据傅英祺等，1994）

④ 轴部构造。

轴部构造包括中轴或中柱（图 7-11）。中轴一般由对隔壁在内端膨大形成，在横切面上呈椭圆形、凸镜状或薄板状孤立于中心或与主、对隔壁相连。中柱由内斜板和一级隔壁在内端分化出来的辐板组成。中柱内常有一中板，由对隔壁末端伸入而成。中柱在横切面上表现为蛛网状。

⑤ 四射珊瑚骨骼构造常见的组合类型。

四射珊瑚骨骼构造常见的组合类型由简单到复杂可分为单带型、双带型、三带型和泡沫型 4 类（表 7-1，图 7-12）。泡沫型也可以看作特殊的双带型。四射珊瑚骨骼构造类型主要是根据横列构造和轴部构造的组合进行划分的。无带型是一种较原始的类型，仅有隔壁，不常见；单带型横列构造只有横板；双带型有两种组合，一种组合为横板+鳞板或泡沫板，另一种组合为横板+中轴或中柱；三带型横列构造为横板+鳞板或泡沫板+中轴或中柱。

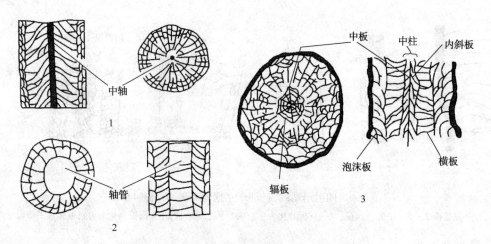

图 7-11　四射珊瑚轴部构造（据何心一等，1994）

1—中轴；2—轴管；3—中柱

表 7-1　四射珊瑚构造组合类型

带型	构造组合	典型属	地史分布
单带型 (Einzoner)	除隔壁外，只有横板	扭心珊瑚（*Streptelasma*）	中奥陶世至二叠纪（以奥陶纪、志留纪为主）
双带型 (Zweizoner)	（1）横板+鳞板； （2）横板+泡沫板； （3）横板+中轴	贵州珊瑚（*Kueichouphyllum*）； 内板珊瑚（*Endophyllum*）； 顶柱珊瑚（*Lophophyllidium*）	晚奥陶世至二叠纪（以志留纪、泥盆纪为主）
三带型 (Dreizoner)	（1）横板+鳞板+中柱； （2）横板+泡沫板+中柱； （3）横板+鳞板+中轴； （4）横板+泡沫板+中轴	棚珊瑚（*Dibunophyllum*）； 多壁珊瑚（*Polythecalis*）； 石柱珊瑚（*Lithostrotion*）； 泡沫柱珊瑚（*Thysanophyllum*）	石炭纪至二叠纪（中志留世已有个别三带型）
泡沫型 (Cystozoner)	只有泡沫板，隔壁刺可有可无	泡沫珊瑚（*Cystiphyllum*）	中奥陶世至中泥盆世（以志留纪、泥盆纪为主）

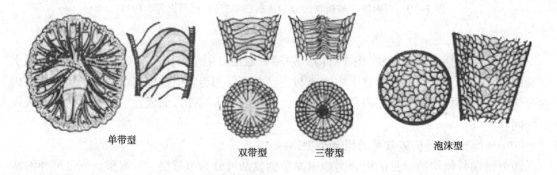

图 7-12　四射珊瑚构造类型（据何心一等，1994）

3）四射珊瑚分类及化石代表

关于四射珊瑚的分类，各家划分方案不一，主要原因是对分类原则和侧重点的依据不同。澳大利亚珊瑚化石学家希尔（D. Hill）1956 年提出的分类中将把四射珊瑚作为一个目，下分 3 个亚目：扭心珊瑚亚目（Streptelasmatina）、柱珊瑚亚目（Columnariina）、泡沫珊瑚亚目（Cystiphylliina）。这种划分一般被认为比较合乎实际且便于掌握，过去国内的古生物学教材和古生物图册编写多采用这种分类。1981 年，希尔又提出了新的分类方案，将四射珊瑚提升为亚纲，下分 3 个目：十字珊瑚目（Stauriina）（实际把原来的扭心珊瑚亚目和柱珊瑚亚目合并）、泡沫珊瑚目（Cystiphylliida）、异珊瑚目（Heterocorallia）。这种分类的优点是将原来不易截然分开的边缘鳞板和边缘泡沫板的这类珊瑚均归入一目，统为一体。目前各国珊瑚化石学者一般把四射珊瑚作为一个亚纲，与六射珊瑚并列。为便于掌握和应用，本教材采用希尔（1981）的分类方案。目前统计资料中四射珊瑚化石属例共有约 1500 个，约 80 个科，常见化石属例如图 7-13 所示。

Streptelasma（扭心珊瑚），单体，角锥状或近圆柱状，具窄的边缘厚结带。成年期一级隔壁可伸达中心，并有松散的裂片形成"轴部构造"。横板强烈上凸，无鳞板。发育于早奥陶世至中志留世。

Hexagonaria（六方珊瑚），复体块状，个体多为角柱状。一级隔壁伸达中央，横板分化为轴部与边部，轴部横板近平或微凸。发育于中至晚泥盆世。

Dibunophyllum（棚珊瑚），单体锥柱状。中柱大而对称，被一长而显著的中板平分，中板两侧有 4~8 条辐板。鳞板为人字形或半圆形，纵切面三带型划分清楚，横板上凸或近平。发育于石炭纪。

Kueichouphyllum（贵州珊瑚），大型单体，弯锥柱状。一级隔壁数多，长达中心；二级隔壁长为一级的 1/3~2/3。主内沟明显，鳞板带宽，鳞板呈同心状。横板不完整，向轴部升起。发育于早石炭世。

Lithostrotion（石柱珊瑚），复体多角块状或丛状。隔壁较长，具明显中轴。横板呈帐蓬状，有的在横板带的边缘有具水平的小横板。鳞板小，鳞板带一般较宽。发育于早至晚石炭世。

Wentzellophyllum（似文采尔珊瑚），复体块状，个体呈多角柱状，具蛛网状中柱。边缘泡沫带宽，泡沫板较小而数目多。横板向中柱倾斜，与鳞板带的界线不明显。发育于早二叠世。

Calceola（拖鞋珊瑚），单体，拖鞋状，一面平坦，一面拱形。具半圆形萼盖。隔壁为短脊状，位于平面中央的对隔壁凸出。体内全为钙质充填，少数具稀疏上拱的泡沫鳞板。发育于早—中泥盆世。

Cystiphyllum（泡沫珊瑚），单体珊瑚，外形锥状或柱状。体内充满泡沫板。隔壁短刺状，发育于个体的周边部分及泡沫板上，泡沫板带与泡沫状横板带界线不清。发育于志留纪。

Tachylasma（速壁珊瑚），小型单体，弯锥状，隔壁呈羽状排列，侧隔壁和对侧隔壁内端加厚呈棒缍状。横板上拱。发育于石炭纪至二叠纪。

Liangshanophyllum（梁山珊瑚），丛状复体，隔壁两级，个体边缘加厚，鳞板带窄。中柱小。发育于二叠纪。

Yuanophyllum（袁氏珊瑚），单体，弯锥状，对隔壁在中央形成板状中轴，鳞板呈人字形排列。横板呈泡沫状，向中轴升起。发育于早石炭世。

Caninia（犬齿珊瑚），单体，弯锥状或柱锥状。早期隔壁长达中心，成年期隔壁变短，隔壁在主部的横板带内加厚显著。主内沟深而开阔，二级隔壁短。鳞板带宽度不定，一般很

窄，鳞板常呈人字形。横板完整，近水平，边缘下倾。发育于石炭纪。

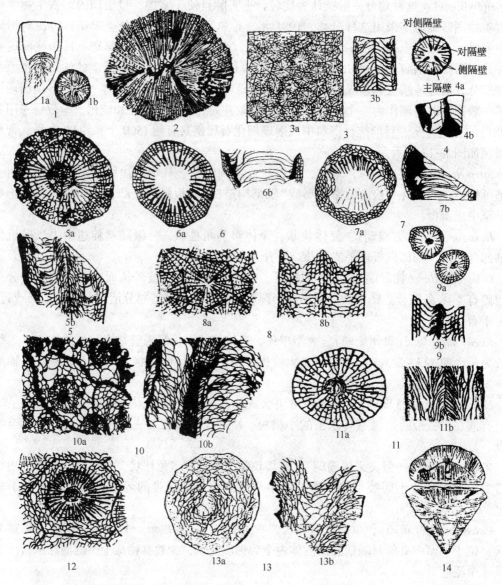

图 7-13　四射珊瑚化石代表属例（据何心一等，1987；童金南等，2007）

1—*Streptelasma coniculum*（1a—纵七面；1b—横切面；O_2）；2—*Kueichouphyllum sinenes*（横切面；C_1）；3—*Lithostrotion vaughani*（3a—横切面；3b—纵切面；C_1）；4—*Tachylasma*（4a—*T. chia*，横切面；4b—*T. magnum hexasepatum*，纵切面；C~P）；5—*Dibunophyllum vaghani*（5a—横切面；5b—纵切面；C）；6—*Caninia* sp.（6a—横切面；6b—纵面切；C）；7—*Pseudouralinia tangpakouensis*（7a—横切面；7b—纵切面；C_1）；8—*Hexagonaris*（8a—横切面；8b—纵切面；P）；9—*Liangshanophyllum wengchengense*（9a—横切面；9b—纵切面；P）；10—*Polythecalis confluens*（10a—横切面；10b—纵切面；$P_{1~2}$）；11—*Waagenophyllum indica*（11a—横切面；11b—纵切面；P）；12—*Wentzellophyllum kueichowensis*（$P_{1~2}$）；13—*Cystiphyllum siluriense*（13a—横切面；13b—纵切面；S）；14—*Calceola sandalina*（D）

2. 横板珊瑚亚纲(Tabulata)

1) 横板珊瑚外形

横板珊瑚也称床板珊瑚，因其体内发育的横板而得名。这类瑚珊主要特点有：(1)横板发育，而隔壁多不发育；(2)均为复体，由出芽或分裂繁殖而成；(3)个体一般较小，个体间多具联接构造或共骨。

复体可分为块状复体、丛状复体和蔓延状复体(图7-14)。块状复体外形多样，有球状、半球状、不规则结核状、铁饼状和皮壳状等。丛状复体可分为：(1)笙状，个体间由联接管连接；(2)分枝状，个体间不平行；(3)链状，由个体侧向连接，有的具中间管。蔓延状复体个体紧附于固着物上，多组成网状，个体末部向上伸起，如喇叭孔珊瑚(*Aulopora*)。

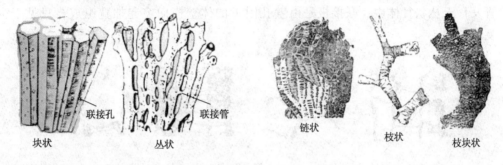

联接孔　　　　　　　联接管

块状　　　　丛状　　　　　　　链状　　　　枝状　　　枝块状

图7-14　横板珊瑚外形(据范方显，1994；何心一等，1994)

2) 横板珊瑚骨骼构造

(1) 横列构造。

横板特别发达，完整或不完整，形态有水平状、下凹状、漏斗状、泡沫状等(图7-15)。有时横板中部下弯、上下相连形成轴管。不完整横板彼此交错或呈泡沫状。边缘泡沫板只在高级属群中才发育。

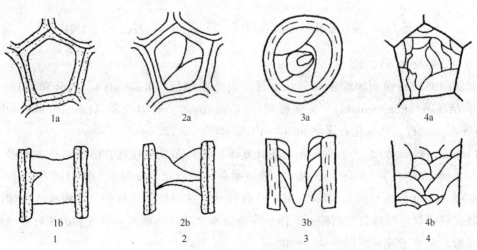

1a　　　　　2a　　　　　3a　　　　　4a

1b　　　　　2b　　　　　3b　　　　　4b
1　　　　　　2　　　　　　3　　　　　　4

图7-15　横板珊瑚的横板类型(据何心一等，1994)
1—完整横板；2—不完整横板(交错状)；3—漏斗状横板；4—泡沫状横板

（2）隔壁构造。

横板珊瑚与四射珊瑚相比，隔壁不发达，大多呈刺状，鳞板少见，没有中轴或中柱。隔壁构造在横板珊瑚分类上有重要意义。板状隔壁（隔板）并不多见，通常发育分散且长短不定的隔壁刺。此外还有隔壁脊、隔壁鳞片等。隔壁鳞片比较独特，呈舌状延伸，往往位于壁孔上方，如鳞巢珊瑚（*Squameofavosites*）。

（3）联接构造。

联接构造是沟通个体内腔或使个体间相互连接的一种特征构造，起到加固群体个体的外壁骨骼和沟通群体营养的作用，可分为 3 类：联接孔，联接管，联接板（图 7-16）。一般块状个体的外壁常为联接孔，位于外壁面上的孔称为壁孔，位于棱角上的称为角孔；联接管发育于丛状复体中；联接板是由壁孔附近的体壁横向突起加宽组成，只见于少数笙状复体中。

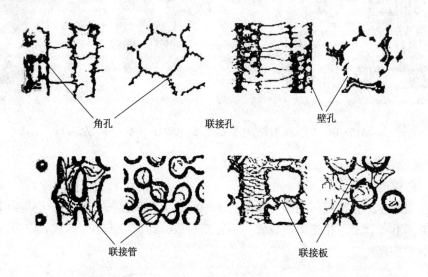

图 7-16　横板珊瑚联接构造类型（据范方显，1994；何心一等，1994）

（4）分类及化石代表。

希尔（1981）将横板珊瑚亚纲分 6 个目：刺毛珊瑚目（Chaetetida）、四分珊瑚目（Tetrdi-idaa）、结珊瑚目（Sarcinulida）、蜂巢珊瑚目（Favositida）、日射珊瑚目（Heliolitida）和喇叭珊瑚目（Auloporida）。常见化石属例如图 7-17 所示。

Favosites（蜂巢珊瑚），各种外形的块状复体。个体多呈角柱状，体壁常见中间缝。联接孔分布在壁上（壁孔），具有 1～6 纵列。隔壁呈刺状或瘤状。发育于志留纪至泥盆纪。

Hayasakaia（早坂珊瑚），复体丛状，由棱柱状或部份呈圆柱状的个体组成。个体由联接管相联，联接管呈四排分布在棱上。横板完整或不完整，凸状或倾斜状。边缘有连续或断续的泡沫带。发育于晚石炭世至早二叠世。

Halysites（链珊瑚），链状复体，个体呈圆柱状或椭圆柱状，彼此相连而成链状。个体间发育有中间管，横板完整而多，呈水平状。隔壁呈刺状。发育于中奥陶世至晚志留世。

Chetetes（刺毛珊瑚），块状复体，由长而细的多角柱状个体组成，直径为 0.15～1.2mm。

个体互相紧贴，牙管内发育假隔壁突起，横板薄，呈水平状。发育于奥陶纪至二叠纪。

Syringopora（笛管珊瑚），复体丛状，由圆柱状个体组成。个体由联接管相联。横板漏斗状，具隔壁刺。发育于奥陶纪至二叠纪。

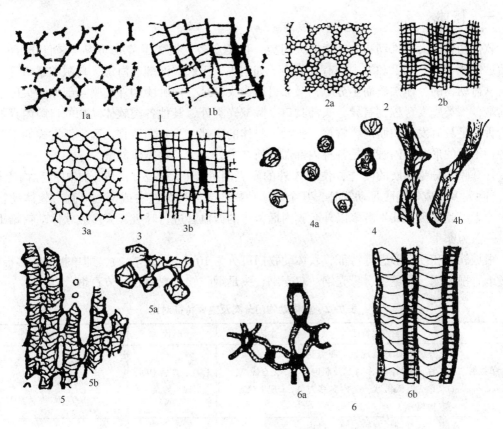

图 7-17　横板珊瑚化石代表属例（据童金南等，2007）

1—*Favosites sheni*（1a—横切面；1b—纵切面；D_2）；2—*Heliolites interstincius*（2a—横切面；2b—纵切面；D）；

3—*Chaetetes giganteus*（3a—横切面；3b—纵切面；C）；4—*Syringopora ramulasa*（4a—横切面；4b—纵切面；C_1）；

5—*Hayasakaia elongantula*（5a—横切面；5b—纵切面；D_2）；6—*Halysites catenularia*（6a—横切面；6b—纵切面；S_1）

3. 珊瑚的生态特征及地史分布

珊瑚动物全为海生，一般生活于 180m 深度以内的温暖正常浅海里，少数可生活在深海低温环境中。造礁型珊瑚的生态适应性很窄，需要 20~30℃ 的水温，以及正常盐度且清洁的海水，不能有过多泥砂，水深一般不超过 100m。在水深 20m 左右，水温 25~29℃ 的清澈、动荡环境中，珊瑚礁最为发育。因此，现生的造礁珊瑚只分布在赤道南北 28°纬度之间的温暖浅海中。非造礁型珊瑚，多为单体单带型珊瑚，其生态适应性较广。

横板珊瑚最早出现于晚寒武世，晚奥陶世至早二叠世繁盛，至晚二叠世大多绝灭，少数残存于中生代。四射珊瑚始现于中奥陶世，至二叠纪末绝灭。在其发展历程中有 4 个繁盛期，分别是晚奥陶世至中志留世、早中泥盆世、早石炭世和早二叠世。

第四节　软体动物门（Mollusca）

一、概述

软体动物为无脊椎动物中的第二大门类，种类众多，仅次于节肢动物。它们分布广泛，生活适应能力强，陆上和海中均有其代表，如蜗牛、田螺、河蚌、海螺、乌贼和章鱼等。

软体动物的身体柔软而不分节，一般可分为头、足、内脏团和外套膜4部分。头位于身体前端，各类别发育程度有异，头部具口，除双壳类外，其他各类软体动物的口腔内具颚片和齿舌。足具有发达的肌肉，常位于头后方身体的腹部，为行动器官，因生活方式的不同而有各种不同的形状。内脏团是各种内部器官所在之处，为动物躯体部分。

外套膜常分泌钙质的硬壳，位于体外的硬壳叫外壳（大多数），位于体内的称内壳（少数）。除大多数成年期腹足动物外，其余软体动物的壳体均为左右或两侧对称。软体动物中的水生者以鳃呼吸，陆生者多以外套膜内面密布的微血管进行呼吸。大多数软体动物雌雄异体，一般为卵生。

根据软体和硬壳形态等特征，软体动物门可分为10个纲（表7-2），即单板纲、多板纲、无板纲、掘足纲、腹足纲、喙壳纲、双壳纲、头足纲、软舌螺纲和竹节石纲。

表7-2　软体动物门分类及主要特征对比

纲	主要特征	生活环境	时代	代表属例
单板纲（Monoplacophora）	体内具分节现象，两侧对称，体两侧具多对鳃及肌肉；单壳，低锥状，壳内具多对肌痕	化石浅海，现生深海	€~S，D 后中断，现生残余	*Neopilina*（新笠贝，现生）
多板钢（Polyplacophora）	体椭圆，背腹扁平，口内具齿舌，足宽扁；体背具 8 枚覆瓦排列骨板	海生	€~Rec.	*Chito*（石鳖，现生）
无板钢（Aplacophora）	蠕虫状，分头、躯体及排泄区；无贝壳	海生	现生	—
掘足纳（Scaphopoda）	头不发达，具头丝，口内具齿舌，足圆筒状，无鳃；单壳微曲管状，两端开口	海生	O~Rec.	*Dentalium*（角贝，现生）
腹足纲（Gastropoda）	头发达，口内具齿舌，足位为腹侧，内脏多扭转；单壳多旋卷	海生，淡水，陆生	€~Rec.	*Euphemites*（包旋螺，D_3~P）
喙壳纲（Rostroconchia）	单壳呈双瓣状，背侧无结合线	海生	€~P	*Conocardium*（锥鸟蛤，D~P）
双壳纲（Bivalvia）	无头，足多呈斧状，外套腔中具瓣状鳃；具双瓣壳	海生，半咸水，淡水	€~Rec.	*Corbicula*（篮蚬，K~Rec.）
头足纲（Gphalopoda）	头发育，口内具齿舌及颚片，口周围具多条触手；具内壳或外壳	海生	€~Rec.	*Nautius*（鹦鹉螺，现生）

纲	主要特征	生活环境	时代	代表属例
软舌螺纲 （Hyolitha）	小型锥状钙质壳，两侧对称，直或微曲，具口盖	海生	€~P	*Orthotheca*（直管螺，€~D）
竹节石纲 （Tentaculita）	小型锥状壳，细尖锥状，辐射对称，壳面多具横纹及横环，壳口无盖	海生	O~D	*Tentaculites*（竹节石，O~D）

二、腹足纲（Gastropoda）

腹足纲是软体动物中最大的一个纲，数量、种类在动物界中仅次于节肢动物门中的昆虫纲，现代约有 10 万余种，分布很广，海水、半咸水、淡水及陆地均有，常见的有蜗牛、田螺、海螺等。

腹足动物由于营底栖爬行生活，头部发育，具发达的触角和眼。口内有齿舌，呈带状，齿为一条软体基膜上着生的许多排横列小齿，用于锉碎食物。齿的数目、排列与形状各不相同，为现代腹足动物分类的重要依据之一，但齿舌化石很少。足位于身体腹面，呈扁平状。为爬行器官，故称腹足动物。

1. 腹足动物壳形

腹足动物的软体在个体发育过程中发生扭转，形成扭转的内脏团和螺旋状的外壳，使身体左右不对称。

腹足类螺壳的形状多样，常见的有笠状壳，左右对称的平旋壳，壳轴短的盘形壳，壳轴较高的卵形、锥形及塔形壳（图 7-18）。

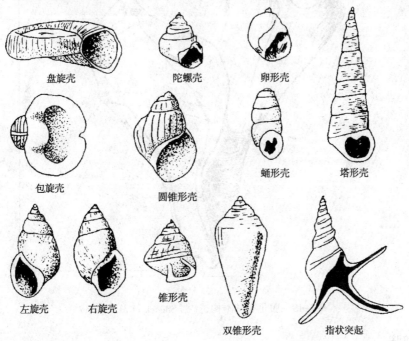

图 7-18 腹足类壳形（据何心一等，1994）

2. 腹足动物螺壳构造

螺壳是一个内部不分隔的螺旋状空壳，由许多螺环组成（图 7-19），所以又名单壳纲，壳质成分主要是碳酸钙。螺壳沿壳轴旋转一周为一螺环。壳顶端为胚胎期分泌的壳，叫原壳（又称胚壳）。原壳薄而光滑，壳饰与螺壳其他部分不同，旋向亦可不同。螺壳的最后一螺环叫体螺环，是生活时容纳头部和足之处。体螺环之外的所有其余螺环（包括原壳）合称螺塔。相邻螺坏的外接触线叫缝合线，如缝合线深凹则称缝合沟。有些腹足动物的螺环中、上部壳面有明显转折的棱叫肩，肩以上至缝合线间的壳面叫上斜面，或称肩部，棱可多于1 条。直径最大的螺环圆周线叫周缘。整个螺壳两侧切线的交角叫螺角或侧角，最初几个螺坏的切线交角叫顶角，两者相等或不等。

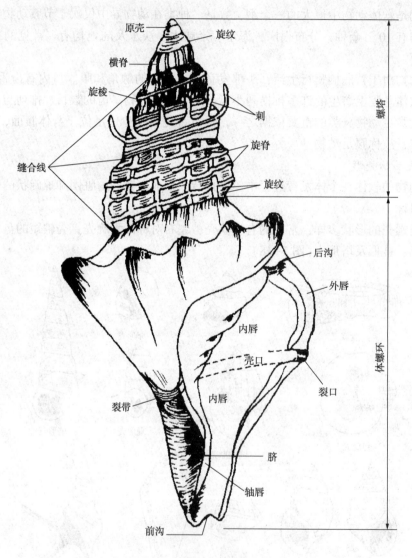

图 7-19　腹足类基本构造（据 Sheock et al，1953）

1）轴和脐

当螺环互相紧接地旋转时，其内壁互相接触，则沿旋轴形成实心的壳轴；若不旋紧，则内壁互不接触，每个螺环中央留下孔。整个螺壳便在旋轴处形成漏斗形空间，该空间称为脐。通过壳轴或脐中央的切面叫螺环横切面，切面圆滑或具棱。

2）壳口

壳口为体螺环的开口处，亦是动物软体的进出之处。壳口形状、大小随种属不同而异。壳口可有角质或钙质的口盖，或无口盖。

3）壳饰

腹足类的壳饰变化多样，大致分为两组：横穿螺环并与缝合线以角度相交，称横向或轴向饰；与螺环平行的称为旋向饰，两者相交则呈网状纹饰，每组纹饰又按粗细、形态分为棱、脊、线或纹，有的还有刺、瘤。壳质增长的线条叫生长线，属横饰。生长线与口缘平行，其粗细和弯曲形状反映壳口的轮廓。

4）螺壳的定向

将腹足类壳顶朝上，按壳口的位置，螺壳有左旋壳、右旋壳之分。壳口对着观察者，壳口位于壳体左侧的称左旋壳，壳口位于壳体右侧的称右旋壳。腹足类绝大多数都是右旋壳。壳的顶端叫壳顶，代表腹足类爬行时的后方，与壳顶相对的一端是壳底，为前方。有壳口的一侧为腹方，相反的一侧为背方。

3. 腹足动物分类及典型化石代表

腹足纲的分类主要依据软体特征、足的构造、齿舌的排列和数目，下分为 3 个亚纲：前鳃亚纲、后鳃亚纲、有肺亚纲（表7-3）。常见化石代表如图7-20所示。

表7-3　腹足纲分类及特征

亚纲	呼吸器官及其对心脏位置	神经索	螺壳特点	时代
前鳃亚纲 （Prosobranchia）	鳃，在心脏前方	交叉	壳发育、多样，多具口盖	C_1 ~ Rec.
后鳃亚纲 （Opisthobranchis）	鳃，在后方（侧方）	次生变直	壳简单光滑或退化消失，多无口盖	C_1 ~ Rec.
有肺亚纲 （Pulmonata）	肺，多在前方	次生变直，少数交叉	壳简单光滑或消失，绝大多数无口盖	C ~ Rec.

Ophileta（蛇卷螺），壳呈锥形或低锥形，由 5~8 个缓慢增长的螺环组成。螺环周缘呈角状。外唇缺口窄，脐孔宽大。壳面有生长线。海生。发育于奥陶纪。

Hormotoma（链房螺），壳呈尖塔形，螺环圆凸。壳口狭小，呈椭圆形，上端角状。外唇具深宽的缺凹，裂带位于爆环中下部。脐孔狭小，壳饰明显。海生。发育于奥陶纪至泥盆纪。

Viviparus（田螺），壳中等大小，呈锥形或球形，螺塔高，螺环圆凸。壳口为椭圆形或圆形，口缘薄。脐孔小或无，壳面具生长线。非海生。发育于侏罗纪至现代。

Bohaispira（渤海螺），壳中等大小，呈圆锥形或塔形，具有 4~5 个螺环，螺环呈角状，壳顶钝圆。壳口大而圈，全缘。具假脐和粗脐脊。螺环具一条旋脊，体螺环具 1~3 条瘤脊状旋脊。非海生。发育于古近纪。

Bellerophon（神螺），壳近球形，平面包旋式，左右对称，壳口椭圆或近圆形，外唇裂口深，裂带明显，壳面饰以生长线。发育于奥陶纪至二叠纪。

Ecculiomphalus（松旋螺），壳盘形，末圈松旋。螺环少，扩大块。上壁与外壁构成高而狭的旋棱，下壁圆凸，壳面饰以生长线。发育于奥陶纪至志留纪。

Euomphalus（全脐螺），壳盘旋形至低锥状。螺环互相接触，切面近圆形或圆多边形，上壁中央具旋棱，扩大块。外壁及下壁圆凸，生长线缺凹在上壁旋棱处，未形成裂带。发育于奥陶纪至侏罗纪。

Naticopsis（似玉螺），呈椭圆形，低螺塔，大体环。螺环切面圆，壳口呈卵形，外唇几成直线。无脐，具生长线。发育于泥盆纪至三叠纪。

Bellamaya（环棱螺），呈圆锥形。螺环切面圆，壳口呈卵形，外唇几成直线，但与螺轴斜交；壁唇覆以加厚壳质。无脐，仅具生长线。发育于泥盆纪至三叠纪。

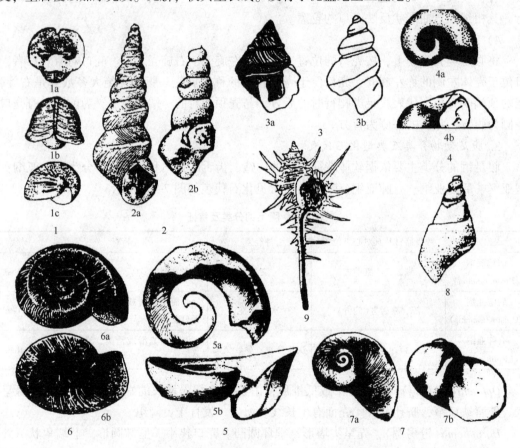

图7-20　腹足类化石代表属例（据何心一等，1987；童金南等，2007）

1—*Bellerophon vasulited*（1a—口视；1b—反口视；1c—侧视；D₂）；2—*Hormotoma*（2a—*H. gracilis*，侧视，O₂；2b—*H. kuetsingensis*，内核，S₂）；3—*Lophospira morrisis*（3a—侧视；3b—内核；O₂，注意裂带在周缘旋棱上）；4—*Maclurites neritoides*（4a—顶视；4b—侧视；O₂）；5—*Ecculionphalus abendanoni*（5a—顶视；5b—口视；O₁）；6—*Euomphalus pentanqulatus*（6a—斜上视；6b—斜下视；C₁）；7—*Naticopsis signats*（7a—顶视；7b—口视；T₂）；8—*Bellamya clavilithiformis*（侧视，J₂）；9—*Murex tribulus*（口视；N₂）

4. 腹足动物生态特征及地史分布

腹足类是软体动物中分布最广泛的一类。在海洋、湖泊、高山、平原均有分布，但主要为水生,绝大部分软体动物生活于盐度正常的浅海,且多数在浅水移动营底栖生活。腹足类壳体的形态和种类受环境影响较大。一般情况下,外唇强烈扩长、口盖厚实的类型为海生类型。生活于砂、石质水底的壳体较厚,壳面粗糙;生活于淤泥质水底、易沉陷海滩地带的一般是壳口多刺、壳质薄的类型。

腹足类中营浮游生活的翼足类死后,其壳体在洋底沉积中占沉积物的一定数量,可形成翼足类软泥,是半深海或深海沉积的良好指相化石。

腹足类最早出现于寒武纪,有4个繁盛的时期。奥陶纪开始增多繁盛;石炭纪时出现淡水类型;中生代时腹足类壳饰变得复杂;新生代是其全盛时期。我国中、新代陆相地层富含腹足类化石,是地层划分对比的主要生物之一。

三、双壳纲(Bivalvia)

双壳类是一类水生软体动物,身体两侧对称,具左、右两片外套膜分泌的两瓣外壳,如海扇(*Pecten*)、蚶(*Arca*)、珠蚌(*Unio*)等,故最早被命名为双壳纲;它们的头部退化,所以又称为无头纲(*Acephala*);且其两侧外套膜之间的空腔叫外套腔,腔内具有瓣状鳃,故有人亦称其为瓣鳃纲(*Lamellibranchiata*)。鳃是呼吸器官,其结构由简单变复杂,可分为原鳃、丝鳃、真瓣鳃和隔鳃4种。双壳类的肉足位于身体的前腹方,常似斧形,因此又被称为斧足纲(Pelecypoda)(图7-21)。足出于两壳瓣之间,用于挖掘泥沙、移动身体或钻孔等。某些双壳类还在足后伸出一簇丝状的足丝,用于附着在外物上。足丝发育的成年个体,足常退化。

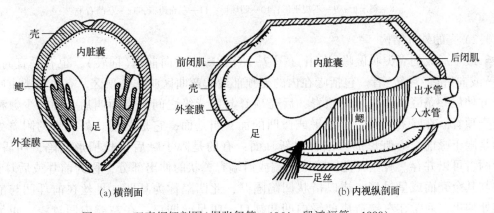

(a) 横剖面　　　　　　　　　(b) 内视纵剖面

图7-21　双壳纲解剖图(据张玺等,1964;殷鸿福等,1980)

有些穴居双壳类的后部外套膜边缘连结成水管,上面的为出水管,下面的为入水管。两管伸达地表面,并分开出、入水流。入水流带来食物和氧气,出水流排出新陈代谢的废物。不是穴居者无水管,且靠外套膜上的纤毛有规律的运动,造成出、入两股水流。

1. 双壳动物壳体构造

1) 壳形

双壳类一般具有互相对称、大小一致的左右两壳瓣,壳质成分主要是碳酸钙。

每瓣壳本身前后一般不对称。成年壳体大小从小于1mm至大于2.5m,质量由几毫克至25kg。常见的壳形如图7-22所示。有些种类由于对固着、漂游或偃卧生活的长期适应,因而会造成两瓣不等。

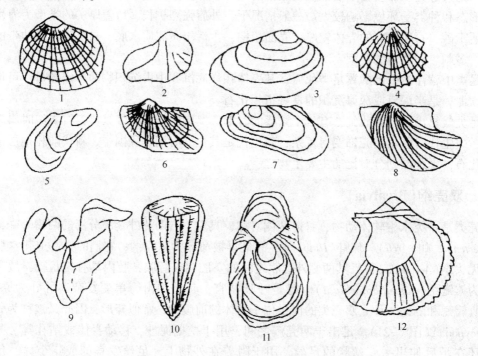

图 7-22　双壳类常见壳形（据何心一等，1994）

1—圆形；2—三角形；3—卵形；4—扇形；5—壳菜蛤形；6—四边形；7—偏顶蛤形；
8—斜扇形；9—不规则形；10—珊瑚形；11—左壳掩覆；12—左凸右平

2）壳的外部结构

最早形成的壳尖叫做喙（壳咀）（图 7-23），喙多数向前指（前转），也有垂直向上（正转）或向后指（后转）者。包括喙在内的壳顶部最大弯曲区叫作壳顶区。有些种类由喙向后腹方伸展一条隆脊，叫后壳顶脊，后壳顶脊与后背缘之间的壳面叫后壳面。少数种类有前壳顶脊。在喙下常有一个或平或微凹的面，叫基面，它是两韧式外韧带的附着处；有的是限于喙前呈心脏形的凹陷，叫新月面；有的是限于喙后呈长槽形凹陷，叫盾纹面。后两者可以并存。有些种类铰缘下前端或后端有翼状的伸出部分，称为前耳或后耳（翼）。它与其余壳面或呈过渡，或以楔状凹陷隔开，此凹陷称为耳凹。足丝在前耳凹与前缘相交处伸出，通常在右瓣造成前缘内凹和缺口，叫足丝凹口；在左瓣内凹较浅，叫足丝凹曲。有时两壳不能完全闭合，在后方的开口是水管伸出处；少数在前方开口，是足伸出处。

3）壳饰

壳饰与腕足类相似，除少数光滑者外，通常分为同心与放射两类。每类又各按强度分为线、脊、褶（或层）。同心饰反映生长的过程，亦可叫生长纹（最细一级）、线、脊、层等。有的种类同时具以上两类壳饰，相交成网状。有的具有瘤、节或刺。

4）壳的内部构造

壳的内部构造基本上属于 4 类：外套膜附着痕，肌肉附着痕，韧带附着痕和铰合构造（齿系）。

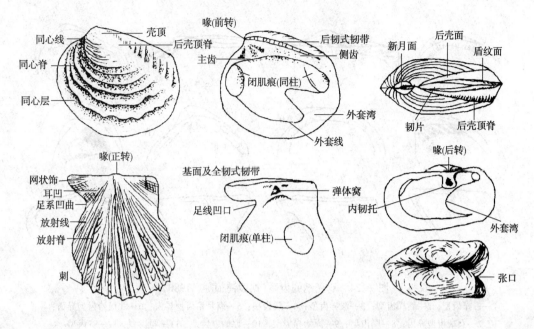

图 7-23 双壳类的基本构造(据殷鸿福等,1980)

(1) 外套膜附着痕。

外套膜的近外缘部分附着于壳内面上所留下的痕迹叫外套线,它与腹缘大致平行,在背部左右两瓣外套膜互相连接,没有外套线。具水管的壳,当双瓣关闭以御敌或阻止泥沙进入时,须将水管拉入壳内,外套膜附着线因此向内移动,使外套线形成弯曲,叫外套湾。在海底表面或浅埋生活的双壳类通常没有水管,其外套线均无外套湾。钻入海底泥砂或岩石中生活的种类具有伸长的水管;水管越长,则当收入壳内时水管越向内部深入,外套湾也就越深。

(2) 肌肉附着痕。

肌肉主要是司壳闭合的闭肌,双柱类有两个闭肌,分为同柱类和异柱类两种。同柱类的前闭肌和后闭肌近于相等;异柱类的后闭肌大,前闭肌小。单柱类只有一个闭肌,位于壳内近中央略偏后处。

(3) 铰合构造(齿系)。

齿系(图7-24)在外壳构造中最具有分类意义和化石鉴定意义。它位于铰缘之下,司两瓣的铰合,由齿及齿窝组成,通常位于沿铰缘分布的铰板上。与腕足类不同的是,每一瓣上齿与齿窝相间,且与另一瓣上间列的窝与齿相对应。齿系在演化中分异为主齿和侧齿。主齿位于喙下,较粗短,与铰缘呈较大角度相交;侧齿远离喙,多呈片状,与铰缘近平行。

5) 壳的定向和度量

壳分前、后、背、腹、左、右(图7-25)。两壳铰合的一方称背方,相对壳开闭的一方为腹方。确定壳的前后可据下列特点:(1)一般喙指向前方;(2)壳前后不对称者,一般后部较前部为长;(3)放射及同心纹饰一般由喙向后方扩散;(4)新月面在前,盾纹面在后;(5)有耳的种类,后耳常大于前耳;(6)外套湾位于后部;(7)单个肌痕时,一般位于中偏后部,两个肌痕有大小不同时,前小后大。

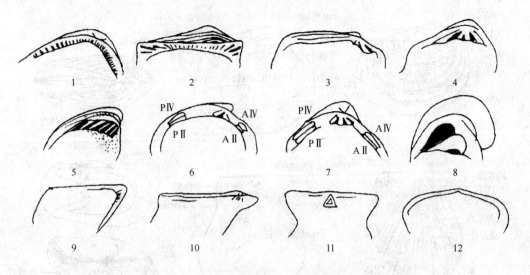

图 7-24 双壳纲的齿系(据殷鸿福等, 1980)

1—古栉齿型; 2—新栉齿型; 3—假异齿型; 4—裂齿型; 5—满月蛤齿型异齿; 6—北极蛤齿型异齿;
7—女蚬齿型异齿; 8—厚齿型; 9—原始栉齿型; 10—原始射齿型; 11—弱齿型; 12—贫齿型

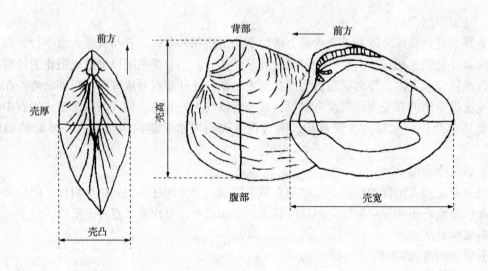

图 7-25 壳的定向及度量(据何心一等, 1993)

当壳的前后确定以后, 将壳顶向上, 前端指向观察者的前方, 左侧壳瓣为左壳, 右侧为右壳。一般测量壳体的数据有壳长、壳高、凸度和壳厚。背和腹之间的最大距离称为壳高; 前后之间最大距离称为壳宽(壳长); 两壳之间的最大距离称为壳凸; 每一壳瓣内外之间的垂直距离称为壳瓣厚度。

2. 双壳动物分类及典型化石代表

双壳纲的分类是以齿系为主要依据的, 并综合鳃、外套膜、足丝、肌痕及壳质等特征, 共分为 6 个亚纲(表 7-4), 典型化石代表属例如图 7-26 所示。

表 7-4　双壳纲分类及特征对比

亚纲及目名	基本生态	齿系演变	外形特点	肌痕	外套湾	内壳层有无珍珠质	时代
古栉齿亚纲（Palaeotaxodonta）	正常底栖	古栉齿型齿栉列，小而多	基面有或无	同柱	无或甚浅	有（部分）	O~Rec.
古异齿亚纲（Palaeoheterodonta）		古异齿型由射齿型开始，齿逐渐变少而加强	等瓣、两侧对称			有	ϵ_2~Rec.
异齿亚纲（Heterodonta）	深埋	分化为主、侧齿				无	O_2~Rec.
		异齿退化以至消失			深		
	壳瓣固着	厚齿型	强烈不等瓣	特化	特化		
翼形亚纲（Pteriomorphia）	正常底栖、足丝附着、壳瓣固着或漂游生活	新栉齿型	等瓣、有基面	同柱	无	无	O_1~Rec.
		弱齿型	甚不等瓣、常具耳翼	异柱，单柱	无	多数有	O~Rec.
陷齿亚纲（Cryptodonta）	正常底栖？	隐齿型，少数栉齿	等瓣	同柱，少数异柱	无	无	ϵ_3? O_1~Rec.
畸铰亚纲（Anomalodesmata）	深埋	贫齿型	常具张口	同柱，一般退化	深	多数有	O~Rec.

Palaeonucula（古粟蛤），壳小，后缘不延伸，前部长，后部短，喙后转。具两列栉齿及喙下弹体窝。内腹边缘光滑，无外套湾，壳面具生长线。发育于三叠纪至现代。

Claraia（克氏蛤），壳呈圆或卵圆形，左壳凸，右壳平，喙位于前方，铰缘直而短于壳长，前耳小，足丝凹口明显，后耳铰大，与壳体逐渐过渡。具有同心线或放射线。发育于早三叠世。

Anadara（粗饰蚶），呈斜四边形，具宽的基面，其上有人形槽。铰缘直，短于壳长。沿铰缘有一排栉齿，两侧齿微曲，内腹边缘呈锯齿状，无外套湾。壳面具有粗射脊，其上常有同心沟纹。发育于白垩纪至现代。

Myophoria（褶翅蛤），壳近三角形，铰缘短，具后壳顶脊。喙前转。壳面光滑或具有放射脊，齿系为裂齿型。发育于三叠纪。

Unio（蛛蚌），壳呈卵形至长卵形，较大而厚，内壳层为珍珠层，有后壳顶脊，壳面除生长线外，常具同心状或 W 形的壳顶饰。为典型的假主齿型。发育于晚三叠世至现代。

Lamprotula（丽蚌），壳较大且厚，呈圆三角形至长卵形。喙近前端，壳面具粗生长线（层），还有 V 形或 W 形的顶饰，并向后变为瘤状。齿式与 *Unio* 的相同，但假主齿更为粗壮。发育于中侏罗世至现代。

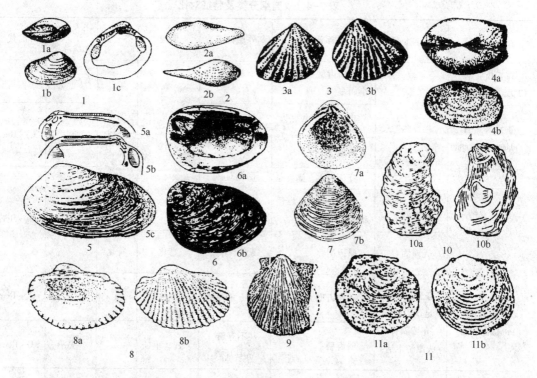

图 7-26　双壳类化石典型代表属例(据何心一等，1987；童金南等，2007)

1—*Palaeonucula sariqilata*(1a—顶视；1b—侧视；1c—内视；T_3)；2—*Nuculana perlonga*(2a—内模示栉齿；2b—外形；T_3)；3—*Myophoria goldfussi mansuyi*(3a—右壳；3b—左壳；T)；4—*Ferganoconcha sibirica*(4a—顶视，J_{2-3}；4b—*F. jorekensis*，内模，J)；5—*Unio* sp.(5a—右壳内视；5b—左壳内视；5c—*U. tschliensis* 侧视；O_1)；6—*Lamprotula undulate*(6a—左壳侧视；6b—右壳内视；Q_1)；7—*Corbicula largilieti*(7a—左壳；7b—右壳；K)；8—*Anadara tricenicosta*(8a—右内视；8b—左外视；N_2)；9—*Eumorphotis multiformis regulaecosat*(左侧视，T_1)；10—*Ostrea* sp.(10a—左壳外视；10b—左壳内视)；11—*Claraia aurita*(11a—右外视；11b—左外视；T_1)

Corbicula(蓝蚬)，壳呈卵圆形，壳顶高突，表面具有生长线。每个壳上有 3 个主齿，右壳前后各有两枚侧齿，左壳前后各一枚侧齿，侧齿上有细纹。发育于白垩纪至现代。

Aviculopecten(燕海扇)，呈扇形，左壳略凸于右壳，足丝凹口明显，前后耳凹都较明显。两个壳上具有一狭韧带区及壳内中间弹回体。单柱，壳面具有放射脊。发育于石炭纪至二叠纪。

Eumorphotis(正海扇)，与燕海扇相似，所不同之点是该属前耳小、后耳大，前耳凹深，后耳与壳逐渐过渡。发育于早三叠纪。

Ostrea(牡蛎)，壳厚，因固着生活而成显著不等壳，形态也不规则。左壳(下)凸，右壳(上壳)平。韧带区窄。单柱，位于中部偏后，无齿，无外套湾。发育于白垩纪至现代。

Daonella(鱼鳞蛤)，壳近半圆形，喙小而微凸，位于壳的近中部，无耳，两侧和壳顶均扁，具有放射线、脊。同心线弱。发育于中、晚三叠世。

Burmesia(缅甸蛤)，壳呈横卵形，等壳，喙近居中，无齿，壳面中部有放射线，前后部具同心线。发育于晚三叠世，少数可延至早侏罗世。

Ferganoconcha（费尔干蚌），壳薄，不大，略膨凸至相当膨凸，无后壳顶脊，壳顶基本上不突出铰边。同心线明显，片状齿短。发育于侏罗纪。

Pseudocardinia（假铰蚌），不等侧，多为椭圆三角形，腹边较直，后壳顶脊较明显，有同心线。具有片状齿。发育于侏罗纪。

Nuculana（似栗蛤），前缘圆，延伸呈船嘴状。喙略向后转。沿前后铰缘两列栉齿。发育于三叠纪至现代。

3. 双壳动物生态特征及地史分布

双壳类是水生无脊椎动物中生活领域最广泛的门类之一，由赤道至两极，从潮间带至5800m深海，由咸化海至淡水湖沼都有分布，但以海生为主。双壳纲的生活方式复杂多样，基本生活方式有固着底栖、爬行底栖、深埋穴居及游泳等（图7-27）。爬行底栖的类型中，大多数为等壳，常无外套弯；固着底栖的类型中，若固着程度大，则大多为不等壳；壳体固着在较硬底质上的类型两壳明显不等；穴居类型常有外套弯；双壳类的形态与温度密切相关，一般来说，两极的类型壳体小，没有或少有壳饰，壳薄，生长线显著；在热带则形体较大，壳饰发育。淡水类型的壳形壳饰比海水类型的简单，在某些构造上也与海相双壳类有显著差别，对判别海相与非海相环境具有一定意义。

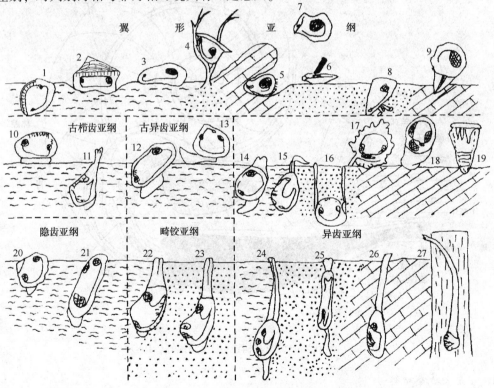

图7-27　双壳类生态（据殷鸿福等，1987）

1—*Anadara*；2—*Arca*；3—*Modiolopsis*；4—*Pteria*；5—*Lima*；6—*Pecten*；7—*Chlamys*；8—*Pinna*；9—*Ostrea*；
10—*Nucula*；11—*Nuculana*；12—*Unio*；13—*Neotrigonia*；14—*Cardium*；15—*Tellina*；16—*Lucina*；17—*Chama*；
18—*Diceras*；19—*Hippurites*；20—*Praecardium*；21—*Solemya*；22—*Pholadomya*；23—*Pleuromya*；
24—*Mya*；25—*Ensis*；26—*Pholas*；27—*Teredo*

双壳类最早出现于早寒武世，奥陶纪为双壳类的主要辐射分化时期，志留纪至泥盆纪进一步分化出许多新类别，并出现了淡水类型，至中生代迅速发展，新生代至现在达到全盛。中、新生代陆相地层中，淡水双壳类十分丰富。

四、头足纲（Cephalopoda）

头足纲是软体动物门中发育最完善、最高级的一个纲，包括地史时期曾非常繁盛并具有重要意义的鹦鹉螺类、杆石、菊石、箭石和现代乌贼、章鱼等。头足动物两侧对称，头在前方而显著，头部两侧具有发达的眼，中央有口。腕的部分环列于口的周围，用于捕食，另一部分则靠近头部的腹侧，构成排水漏斗，是独有的运动器官。头足类的神经系统、循环系统和感觉器官等都比其他软体动物发达（图7-28）。头足动物雌雄异体，鳃为4个或2个，二鳃类壳体被外套膜包裹而成内壳或无壳，如乌贼、章鱼；四鳃者具有外壳，如鹦鹉螺，且化石丰富。

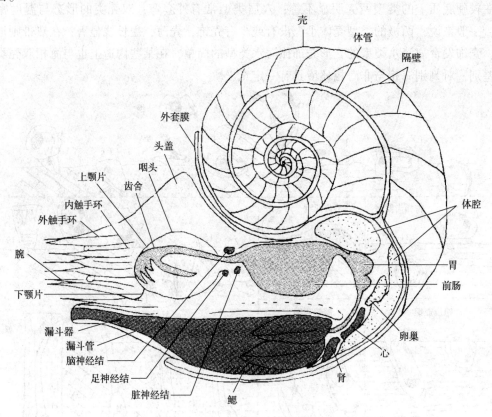

图7-28　现代鹦鹉螺及其构造（据殷鸿福等，1987）

1. 外壳类基本特征

1）壳形

外壳类壳形多种多样（图7-29），其中，平旋壳每旋转一周称为一旋环，最后旋成的环为外旋环，外旋环以内的所有旋环为内旋环。根据旋卷程度，可以将其划分为4种：外旋环与内旋环接触或仅包围其一小部分的称为外卷；外旋环完全包围内旋环或仅露出极少部分的称为内卷；介于这两者之间的则为半外卷或半内卷。

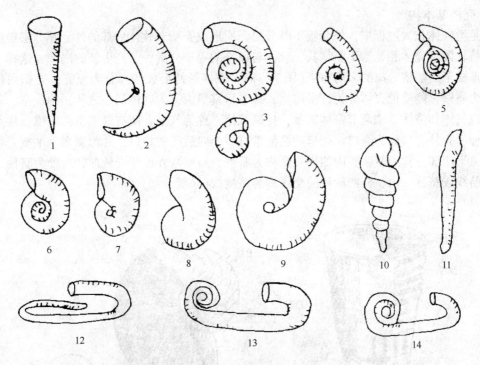

图 7-29　头足类的外壳形状（据武汉地质学院古生物教研室，1983；傅英祺等，1994）

1—直形；2—弯形；3—环形；4—半旋形；5~9—旋卷形（5—外卷；6—半外卷；

7—半内卷；8~9—内卷）；10—锥旋；11~14—松旋

2）定向

在直壳或弯壳中，壳的尖端为后方，壳的口部为前方；与体管靠近的一侧为腹方，另一方
则称背方。在平旋壳中，壳口为前方，原壳为后方，旋环外侧为腹方，内侧为背方（图 7-30）。

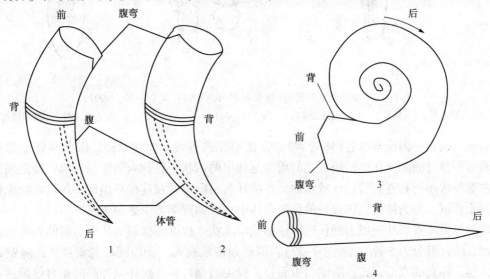

图 7-30　头足类外壳定向（据何心一等，1994）

1—内腹式壳；2—外腹式壳；3—平旋壳；4—直形壳

3) 壳体基本构造

头足类软体长大过程中，外套膜不断分泌壳质形成壳壁。软体后部的外套膜分泌横向隔壁来支持软体。壳体和壳壁不断增长，软体与原来的隔壁分离，又产生新的隔壁，这样不断进行就形成了由隔壁分离的多房室壳(图7-31)。壳体最初形成的部分为原壳，壳壁内横向的板称为隔壁，隔壁把壳体分为许多房室，最末房室最大，为软体居住之所，称住室，其余各室充以气体和液体，来调节身体密度，控制沉浮，称为气室。所有气室总称闭锥。住室前端软体伸出壳外之口称为壳口。壳口的腹侧常有一个向后凹的缺口，称为腹弯。平旋壳体的两侧中央下凹部分称为脐，脐内四周壳面称为脐壁，脐壁与外旋环壳侧面转折处为脐棱，也可称为脐线或脐缘。内、外两旋环的交线称为脐接线(脐缝合线)。

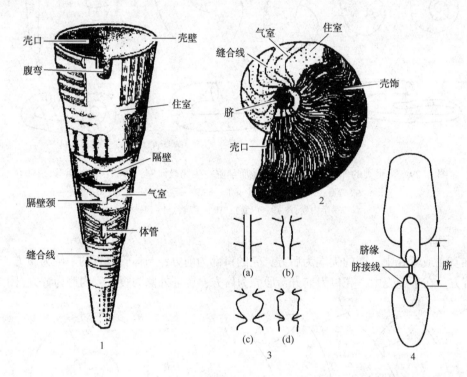

图7-31　头足类基本构造(据傅英祺等，1994；何心一等，1994)

1—直壳鹦鹉螺；2—菊石类；3—体管形态[(a)—圆管状；(b)~(d)—珠管状]；4—旋卷壳切面，示脐部构造

软体后端有一肉质索状管(体管索)，自住室穿过各气室而达原壳。因此隔壁上都具有被体管索所经过的隔壁孔。沿隔壁孔的周围延伸出的领状小管称为隔壁颈，隔壁颈之间或其内侧常有环状小管相连，这种环状物称为连接环。由隔壁颈和连接环组成一条贯通原壳到住室的灰质管道，称为体管，体管一般位于壳体中央或偏腹侧，少数位于背方。

鹦鹉螺类体管形状一般为细长的圆柱形或串珠状。根据隔壁颈的长短、弯曲程度和连接环形状，体管可分为5种类型(图7-32)：隔壁颈甚短或无，无连接环的无颈式；隔壁颈短而直，连接环直的直短颈式；隔壁颈短而直，仅尖端微弯，连接环微外凸的亚直短颈式；隔壁颈短而弯，连接环外凸的弯短颈式；隔壁颈向后延伸，达到或超过后一隔壁，连接环有的存在的全颈式。

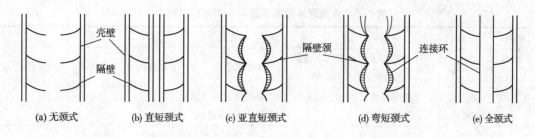

图 7-32　鹦鹉螺体管类型（据何心一等，1994）

头足类隔壁边缘与壳壁内面接触的线称为缝合线。一般情况下，只有外壳表皮被剥去以后才会露出缝合线。隔壁不褶皱的类别，其缝合线平直；反之，则缝合线显著地弯曲。平旋壳的缝合线可以分为内、外两部分，自腹中央经两侧到脐接线的部分为外缝合线；自脐接线经过背部到另一面的脐接线称为内缝合线。缝合线向前弯曲的部分称为鞍，向后弯曲的部分称叶。头足类缝合线根据隔壁褶皱的程度，分为 5 种类型（图 7-33）：（1）鹦鹉螺型，平直或平缓波状，无明显的鞍、叶之分；（2）无棱菊石型，鞍、叶数目少，形态完整，侧叶宽，浑圆状；（3）棱菊石型，鞍、叶数目较多，形态完整，常呈尖棱状；（4）齿菊石型，鞍部完整圆滑，叶再分为齿状；（5）菊石型：鞍、叶再分出许多小叶。

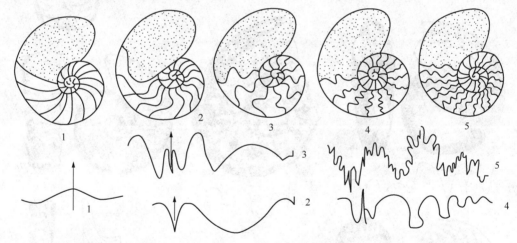

图 7-33　头足类缝合线构造及类型（据武汉地质学院古生物教研室，1983）
1—鹦鹉螺型；2—无棱菊石型；3—棱角菊石型；4—齿菊石型；5—菊石型

4）壳饰

外壳类壳面光滑或具有装饰。在壳的生长过程中形成的平行壳口边缘的纹、线称为生长纹、生长线（图 7-31）。与壳体旋卷方向平行的纹、线称为纵旋纹、纵旋线。与壳体旋卷方向相垂直的肋叫横肋。有时，横向与纵向线相交成网状纹饰。不少类别还具有壳刺和瘤状突起。

2. 头足纲分类及典型化石代表

头足纲一般分为 4 个亚纲，即鹦鹉螺亚纲（Nautiloidea）、杆石亚纲（Bactritoidea）、菊石亚纲（Ammonoidea）和鞘形亚纲（Coleoidea），其中，前 3 个亚纲属外壳类（表 7-5），具有丰富的化石代表，典型化石属例如图 7-34 所示。鞘形亚纲为内壳类，化石较少。

表 7-5 头足纲外壳类各亚纲主要特征对照表

亚纲	壳形	体　管	缝合线	壳口	壳饰	时代
鹦鹉螺亚纲	多直壳	体管小至大，位于中央或腹部，构造复杂，隔壁颈后伸	鹦鹉螺式	具腹弯	简单	$\in$~Rec.
杆石亚纲	壳小、多直壳	体管小，位于腹部，构造简单，隔壁颈后伸	鹦鹉螺式至无棱菊石式，具腹叶	具腹弯	简单	O~P
菊石亚纲	多旋壳	体管小，多位于腹部，构造简单，隔壁颈后伸至前伸	无棱菊石式至菊石式	具腹弯或腹鞘	简单或复杂	D~K

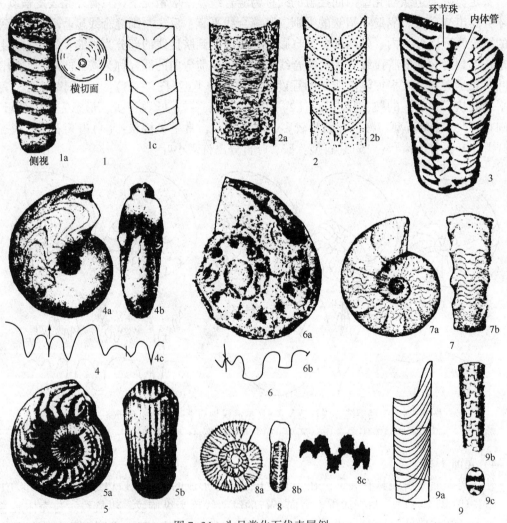

图 7-34 头足类化石代表属例

1—*Protocycloceras*（1a，1b—*P. rotocycloceras deprati*；1c—*P. wangi*，纵切面；O_1）；2—*Sinoceras chinense*（2a—侧视；2b—纵切面；O_2）；3—*Armenoceras richtofoni*（O_2）；4—*Manticoceras intrmescens*（4a—侧视；4b—前视；4c—缝合线；D_3）；5—*Altudoceras altudens*（5a—侧视；5b—腹视；P_2）；6—*Pseudotirolites asiaticus*（6a—侧视；6b—缝合线；P_3）；7—*Ceratites nodosus*（7a—侧视；7b—腹视；T_2）；8—*Protrachyceras* sp.（8a—侧视；8b—前视；8c—缝合线；T_2）；9—*Baculites*（9a—*Baculites anceps*，前视；9b、9c—*B. anjasi* 背视及横断面；K_2）

Protocycloceras（前环角石），壳直或微弯，横切面呈圆至椭圆形。壳面饰有横环，环及环间有细的横纹。体管中等大小，不在中央。隔壁颈短而直，连接环甚厚。发育于早奥陶世。

Armenoceras（阿门角石），壳直，横切面呈卵形，隔壁较密。隔壁颈极短而外弯，常与隔壁接触或成小的锐角。体管大，呈扁串珠形，环节珠发育，有时可看到内体管及放射管。发育于中奥陶世至晚志留世。

Sinoceras（震旦角石），壳呈直锥形，壳面有显著的波状横纹。体管细小，位于中央或微偏，隔壁颈较长，约为气室深度的一半。发育于中奥陶世。

Discoceras（盘角石），外壳为盘状，约有5个相接触的旋环，旋环横切面近方形。体管近背面，隔壁颈直，壳面饰有横肋。缝合线直或略弯，弯曲方向与横肋方向相反。发育于奥陶纪。

Lituites（喇叭角石），幼年期平旋，成年期则变成直壳，壳面具明显的横肋，体管近背部，缝合线呈直线形。发育于中奥陶世。

Manticoceras（尖棱菊石），壳半外卷至内卷，呈扁饼状。腹部由穹圆形到尖棱状。表面饰有弓形的生长线纹。缝合线由一个宽的三分的腹叶、一对侧叶、一对内侧叶及一个V形的背叶组成。发育于晚泥盆世。

Alludoceras（阿尔图菊石），壳半外卷至半内卷，盘状。脐较大。壳面饰为纵旋纹和不明显的横纹，至腹部向后弯曲形成腹弯。内旋环具瘤。缝合线的腹叶不是很宽，侧叶宽而尖，脐叶呈漏斗状。发育于二叠纪。

Pseudotirolites（假提罗菊石），壳外卷，盘状。腹部呈屋脊状或穹形，具有明显的腹中棱。内部旋环侧面饰有小瘤；外部旋环侧面发育丁字形肋或横肋，具腹侧瘤。具有齿菊石型缝合线，每侧具有两个齿状的侧叶，腹叶二分不呈齿状。发育于晚二叠世。

Ceratites（齿菊石），壳外卷至半外卷，厚盘状。腹平或呈浑圆形，旋环横断面近方形。壳面饰有粗横肋，在腹侧常结为瘤状。具有典型的齿菊石型缝合线，腹叶宽浅，侧叶带小齿，鞍部圆。发育于中三叠世。

Protrachyceras（前粗菊石），壳半外卷至半内卷，呈扁饼状。腹部具有腹沟，沟旁各有一排瘤。壳表具有许多横肋，每一肋上附有排列规则的瘤，横肋常分叉或插入。缝合线为亚菊石式，鞍部也发生微弱的褶皱。发育于中至晚三叠世。

Ophiceras（蛇菊石），壳外卷，呈盘状，脐宽而浅，腹部穹圆，旋环横断面略呈三角形，表面一般光滑或具不明显的肋或瘤。缝合线为微弱的齿菊石型。发育于早三叠世。

Clymenia（海神石），壳外卷，呈盘状，脐宽而浅。壳面较光滑，缝合线的腹鞍宽大，体管在背部。发育于晚泥盆世。

Pseudogastrioceras（假腹菊石），壳近内卷，呈厚饼状，脐小，腹部穹圆，侧面外部及腹部有旋纹。发育于晚二叠世。

Trachyceras（粗菊石），半内卷，呈饼状，腹部穹圆，中间有腹沟，沟旁各有两排瘤，壳侧面有弯曲的肋。发育于中三叠世至晚三叠世。

Baculites（杆菊石），壳幼年时旋卷，成年变成直立杆状。旋环横断面呈椭圆形，壳表面

光滑或具平行口部的细纹。缝合线为菊石型，庵、叶均二分。发育于晚白垩世。

3. 头足纲生态特征及地史分布

现代头足动物都是海生的，在暖水中较多，营游泳或海底爬行(图 7-35)。化石头足类都保存在有其他各种海生生物化石的地层内，常与三叶虫、腕足类、牙形石等化石伴生。因而可以认为地史时期头足类也是海生的。由于头足类可以利用气室控制沉浮，因此地理分布较广。另外，头足动物死后，充满气体的外壳会随海流漂浮到远处。头足类演化快，生存时间短，它们当中的许多种类都可以成为划分对比地层的标准化石，用于远距离的地层对比。

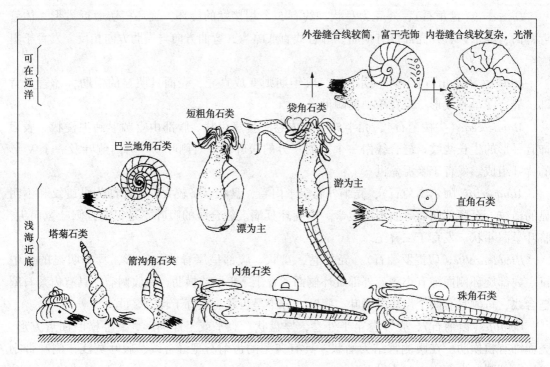

图 7-35 头足纲外壳类生态类型

具有不同壳形的头足类游泳能力差别也较大，一般壳旋卷紧密、复缘尖锐、壳体扁平呈流线型、壳面光滑、缝合线复杂的类型是善于游泳的较深水类型；而壳体膨凸、腹部厚圆、壳饰发育、缝合线简单的类型是不善于游泳的类型；少数螺塔状或其他异形壳壳体笨重，仅适于海底爬行生活。

头足类最早出现于晚寒武世，早古生代全为鹦鹉螺类，鹦鹉螺类在奥陶纪达到全盛，志留纪后，鹦鹉螺类开始衰退，新生代基本绝灭，至今仅存鹦鹉螺一属。菊石类出现于早泥盆世，中生代最为繁盛，通常中生代被称为"菊石时代"，白垩纪末菊石灭绝。新生代头足类则以内壳类繁盛为特征。

头足类的演化趋势主要有以下几个方面：壳形由直壳变为弯壳，到变为平旋壳，到扁平或膨大，再到异形壳；壳饰由光滑发展为简单壳饰，再变得复杂；个体由小变大；缝合线由简单变复杂；隔壁由后伸变为前伸。

第五节 节肢动物门(Arthropoda)

一、一般特征及分类

节肢动物是动物界中最庞大的一个门类，无论种类和数量都占统治地位。节肢动物是由环节动物发展而来的一个比较高级的无脊椎动物门类，如现代生存的虾、蜘蛛、蜻蜓等。我们所熟悉的蟹、昆虫等，也都属于节肢动物。

节肢动物由于辐射适应而得到广阔的发展，既可在水中，又可在干燥的陆地生活，也能在空中飞翔，身体多呈左右对称，并由若干体节组成，体节愈合成头、胸、尾3部分，每个体节具有一个分节的附肢，故得名节肢动物。节肢动物外皮表面能分泌几丁质及含钙几丁质的外骨骼，外骨骼的表层具蜡质，可防止体内水分蒸发和其他水溶物质侵入。由于外骨骼(外壳)的伸展有一定的限度，它不能随动物的生长而不断地增大，所以需要周期性地脱壳。节肢动物的神经系统较发达，头部构造也较完善，其呼吸器官为鳃，或肺，或用气管，也有的身体表皮具有呼吸功能。其生殖方式一般系雌雄异体，卵生。

节肢动物门的分类目前尚有较大分歧，一般依据呼吸器官性质、身体分节特点、附肢数目及构造进行划分。曼顿(S. M. Manton, 1969)将节肢动物门划分为9个超纲(表7-6)，其中以三叶形超纲中三叶虫纲地层意义最大，其次为甲壳超纲中的介形虫纲、鳃足纲中的介甲目，以及六足超纲中的昆虫纲：

(1)三叶虫形超纲(Trilobitomorcha)：寒武纪至二叠纪；

(2)有螯肢超纲(Chelicerata)：寒武纪至现代；

(3)坚角蛛超纲(Pycnogonida)：泥盆纪至现代；

(4)甲壳超纲(Crustacea)：寒武纪至现代；

(5)多足超纲(Myriapoda)：志留纪至现代；

(6)六足超纲(Hexapoda)：寒武纪至现代；

(7)有爪超纲(Onchophora)：寒武纪至现代；

(8)慢步超纲(Tardigrada)：现代；

(9)五口超纲(Pentastomida)：现代。

表7-6 节肢动物门的主要超纲特征对比

超纲	特征				
	躯体特征	附肢构造	呼吸器官	其 他	时 代
三叶形超纲	纵向三分，横向分为头、胸、尾	1对触角和多对双支型附肢	外肢(鳃肢)	海生	€~P
有螯肢超纲	分为头胸部(6节)和腹部	具螯肢和须足(为双支型附肢)	鳃肢，气管或书肺	生殖管位于第八节(腹部)。陆生和水生	€~Rec.
坚角蛛超纲	特征与上近似，但身体前部收缩成尖吻状，腹部不发育	具螯肢，第三对附肢为负卵足，其后为成对步足	缺少呼吸系统	生殖孔位于身体前部，海生	€~Rec.

超纲	特 征				
	躯体特征	附肢构造	呼吸器官	其 他	时 代
甲壳超纲	具头胸部和腹部	具 2~3 对触角，双支型附肢	鳃叶	*Nauplius* 型幼虫，多水生	€~Rec.
多足超纲	蠕虫形，头和大量形态相同的体节组成躯干	1 对触角，其余为步足	气管	陆生	S~Rec.
六足超纲	具头、胸、腹，多具翅	1 对触角，3 对步足	腹部 1~8 节具成对气门	生殖器在腹部末节，具变态成长，陆生	€~Rec.
有爪超纲	蠕虫形，头未明显分出，无显著分布，无坚硬外壳	前端具 2 对触角，1 对作颚，无关节附肢，只有瘤足，足尖具爪	气管	生殖孔位于肛门前的腹部，陆生和海生	?Pre.~€~Rec.

二、三叶虫纲(Trilobita)

1. 三叶虫一般特征

三叶虫是已经绝灭的海生节肢动物，身体扁平，分背、腹两面，腹面各体节上生有节状的附肢。由前至后可区分为头、胸、尾 3 部分。眼位于头的背面，口则位于头的腹面。三叶虫的背甲被两条纵沟分为一个轴叶和两个肋叶而成三叶，因而称三叶虫。三叶虫成虫通常长3~10cm，小者不足 6mm，大者可达 70cm。

三叶虫的外壳包括矿物质组成的坚硬部分和比较柔软的几丁质部分。背壳坚硬，附肢柔软，附肢保存为化石的极为少见，所见化石大都为其背壳(背甲)。三叶虫的背壳一般为卵形或椭圆形，可划为纵向的三叶，其中轴的壳区为轴叶，左右两侧的壳区为肋叶。

2. 三叶虫背甲构造

1) 头甲

三叶虫头甲构造较复杂(图 7-36)，多呈半圆形，是种类划分的主要依据，头甲中间常隆起，包括头鞍及其后的颈环。头鞍上常有几对横向或斜向凹浅沟，称为头鞍沟，它把头鞍分成若干叶，最前面的称为头鞍前叶，最后面的称为头鞍基底叶。头鞍沟与背沟衔接或不衔接，成对头鞍沟之间中央有时可相连。颈环表面光滑或具颈瘤、颈疣或颈刺，颈环与头鞍之间的沟称为颈沟。

头鞍和颈环两侧称为颊部，颊部的后侧角称为颊角，颊角向后延伸可成颊刺。颊部中央常有一对未被矿化物充填硬化的窄缝所切穿，此缝称为面线。面线将头甲分为头盖和活动颊。活动颊很容易脱落，所以活动颊和头盖常单独保存为化石。颊部除活动颊以外还包括固定颊，它是指面线以内除头鞍之外的区域。固定颊面线中央内侧的豆状、半圆状或肾状凸起称为眼叶。在活动颊上，与眼叶相对的构造称为眼。眼叶前端与头鞍前部之间隆起的细脊称为眼脊。面线可分前支、后支，眼叶之前的部分称为面线前支，眼叶之后的部分称为面线后支。面线前支以不同的角度向前延伸，有的面线前支可在头鞍前方会合成一条连续线。三叶虫面线可根据后支延伸方向分为 4 种类型(图 7-37)：后支交于后边缘的称为后颊类面线；

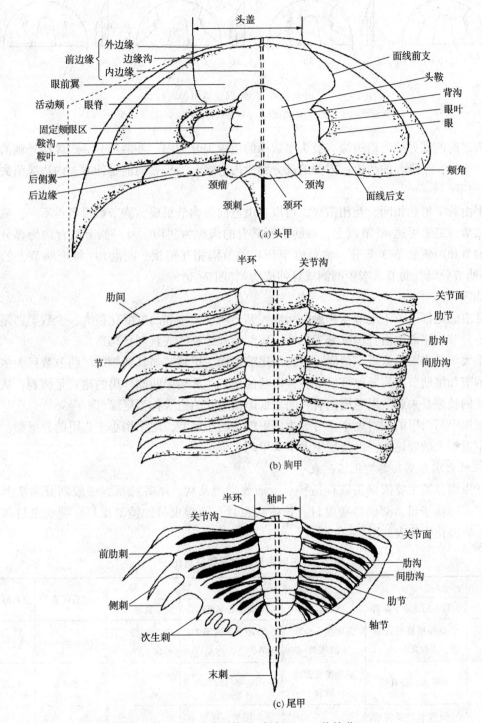

图 7-36　三叶虫背甲构造(据何心一、徐桂荣，1993)

交于侧缘的称前颊类面线；交于颊角的称为角颊类面线；一些无眼的三叶虫，面线沿着头部边缘延伸，背视时看不到，称为边缘式面线，也称隐颊类面线。三叶虫的面线类型是三叶虫分类的重要依据。

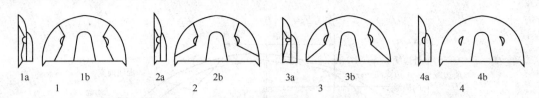

1a   1b   2a   2b   3a   3b   4a   4b
1   2   3   4

图 7-37   三叶虫面线类型(据傅英祺等,1994)
1—后颊类面线;2—前颊类面线;3—角颊类面线;4—边缘式面线

头鞍之前的部分称为前边缘,被头甲边缘的边缘沟分为内、外两部分。边缘沟外侧的边缘称为外边缘,呈隆起的凸边;内侧的部分称为内边缘,当头鞍向前延伸时,内边缘消失。

2) 胸甲

胸甲由若干形状相同、互相衔接、可以自由弯曲的胸节组成。胸节数目各类不一,成虫最少为二节,最多可达 40 节以上,各肋节所具有的沟称为肋沟。每一胸节以背沟为界分为中央的轴节和两侧肋节 3 部分。轴节以半环和关节沟相互衔接,间肋沟(每个肋节上的横沟)将各肋节分隔,肋节末端较圆润或延伸成肋刺(图 7-36)。

3) 尾甲

三叶虫的尾部由若干尾节互相融合而成,其形状、大小和凸度变化很大,少数类别尾部极小且不分节,尾部也由背沟纵分为三叶。尾部的外缘整齐或具刺状构造。

尾甲大多呈半圆形或近三角形,由若干尾节组成。尾轴节与其两侧的尾肋节数目大多相等,尾轴节和尾肋节向后延伸可形成各种形状的尾刺。从尾甲两侧伸出的尾刺是侧刺;从尾轴延伸成的长刺是末刺。尾甲周围有一明显低陷或隆起的边缘称为尾缘(图 7-36)。

根据尾甲与头甲的相对大小,可分为尾甲极小的小尾型,尾甲稍小于头甲的异尾型,头甲与尾甲近等大的等尾型,以及尾甲大于头甲的大尾型。

3. 三叶虫纲分类及典型化石代表

三叶虫纲分类主要依据头鞍构造特点、面线类型及胸、尾等特征,一般划分为 7 个目(表 7-7):球接子目、莱德利基虫目、耸棒头虫目、褶颊虫目、镜眼虫目、裂肋虫目和齿肋虫目,典型化石代表如图 7-38 所示。

表 7-7   三叶虫纲分类及特征对比

	特 征				化石代表	分布时代
	头鞍、前边缘、眼叶	面线类型	胸部和尾部	其他		
球接子目	头鞍亚柱形或锥形,多数无眼	无面线,少数前颊类	等尾型,胸部 2～3 节	小型三叶虫	*Ptychagnostus*	$\in \sim O_3$
莱德利基虫目	眼叶大,新月形	后颊类或面线融合	小尾型,胸节多		*Redlichia*	$\in_{1\sim2}$
耸棒头虫目	头鞍长,多向前扩大,无内边缘,眼叶狭长	后颊类	大尾型,尾甲常具刺,胸 5～11 节(个别 2 节)	唇瓣和腹边缘板融合	*Dorypyge*	$\in_{1\sim3}$
褶颊虫目	头鞍多向前收缩,内边缘多发育	多后颊类	胸节多于 3 节		*Shantungaspis*	$\in_1\sim P_2$

续表

	特 征				化石代表	分布时代
	头鞍、前边缘、眼叶	面线类型	胸部和尾部	其他		
镜眼虫目	内边缘不发育，聚合眼或复眼	多为前颊类和角颊类	胸节 8~19 节，尾部大或中等		*Dalmanitina*	$O_1 \sim D_3$
裂肋虫目	头鞍宽，前边缘不发育，鞍沟伸长成纵沟	后颊类	尾大，肋平，具 3 对叶状肋节，或肋节成刺状	个体中等到极大，壳面具瘤点	*Metopolichas*	$O_1 \sim D_3$
齿肋虫目	头鞍后部最宽，颈环可向颊部延伸、融合，眼叶靠中部，眼脊向前延伸	后颊类	胸 8~10 节，肋节末端具一长刺和一短刺	壳面多具瘤刺	*Odontopleura*	$\text{\Euro}_2 \sim D_3$

Redlichia（莱德利基虫），头鞍长，呈锥形，具有 2~3 对鞍沟，眼叶长，呈新月形，靠近头鞍，内边缘极窄，面线与中轴成 45°~90°夹角。胸节多，尾板极小。发育于早寒武世。

Eoredlichia（始莱德利基虫），头鞍呈锥形，具有 3 对鞍沟，眼叶长，面线与头鞍中轴成 30°~40°交角。发育于早寒武世。

Palaeolenus（古油栉虫），头鞍呈长方形，具有 4 对鞍沟，固定颊宽，眼叶长，后端靠近后边缘沟。发育于早寒武世。

Dorypyge（叉尾虫），头鞍大，强烈上凸呈卵形或两侧平行，外边缘极窄，具颈刺，固定颊窄，尾轴高凸，有 6 对尾刺，壳面具有小瘤点。发育于中寒武世。

Shantungaspis（山东盾壳虫），头盖横宽，头鞍向前略收缩，具有 3 对鞍沟，具有颈刺。内边缘宽，外边缘窄而凸，中部宽，向两侧变狭，眼叶中等大小。发育于早寒武世至中寒武世。

Kaotaia（高台虫），头鞍向前略收缩，前端平直，具有 3 对鞍沟，内边缘宽，强烈上凸。发育于中寒武世早期。

Bailiella（毕雷氏虫），头鞍呈锥形，前端浑圆，内边缘宽，无眼，固定颊极宽，尾小，分节清楚，尾缘显著。发育于中寒武世。

Damesella（德氏虫），头甲横宽，头鞍长，向前收缩，鞍沟短，无内边缘，外边缘宽，略上凸，眼叶中等大小，固定颊宽，尾部末端浑圆，具有尾刺 6~7 对，壳面具瘤点。发育于中寒武世晚期。

Blackwelderia（蝴蝶虫），头盖横宽，头鞍急速向前收缩，呈截锥形，最后一对鞍沟长，眼叶中等大小，较凸出。固定颊宽度中等，尾轴长，呈锥形，边缘较明显，一般具有 7 对尾刺。发育于晚寒武世早期。

Drepanura（蝙蝠虫），头盖呈梯形，头鞍后部宽大，前部较窄，前端截切，眼叶小，后侧翼呈宽大的三角形，尾轴窄而短，末端变尖，尾部具有 1 对强大的前肋刺。发育于晚寒武世早期。

Nankinolithus（南京三瘤虫），头部强烈凸起，头鞍棒状，前部极凸，具有 3 对鞍沟，后两对较明显，尾甲呈横三角形，中轴狭，分节明显。发育于晚奥陶世。

Coronocephalus（王冠虫），头鞍前宽后窄，成棒状，头甲具粗瘤，尾甲呈长三角形，中轴窄，平凸，分为 35~45 节。发育于中志留世。

Changshania（长山虫），头鞍狭，鞍沟不显，呈半圆形，固定颊狭，后侧翼宽而细小，

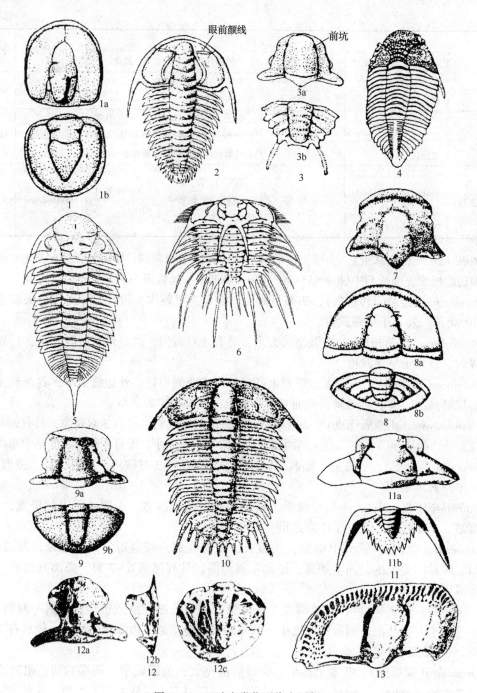

图 7-38　三叶虫类化石代表属例

1—*Ptychagnostus pctosus*（1a—头甲；1b—尾甲；$\in_2$）；2—*Redlichia chinensis*（背甲，$\in_1$）；3—*Dorypyge richthofeni*（3a—头盖；3b—尾甲；$\in_2$）；4—*Coronocephalas rex*（背甲，S_1）；5—*Dalmanitina socialis*（背甲，O_{2-3}）；6—*Odontopleura ovata*（背甲，S_2）；7—*Shantungaspis aclis*（头盖，$\in_1$）；8—*Bailiella lantenoisi*（8a—头甲；8b—尾甲；$\in_2$）；9—*Chuangia batia*（9a—头盖；9b—尾甲；$\in_2$）；10—*Damesella paronai*（背甲，$\in_2$）；11—*Drepanura premesnili*（11a—头盖；11b—尾甲；$\in_3$）；12—*Eoisotelus orientalis*（12a—头盖；12b—活动颊；12c—尾甲；O_1）；13—*Nankinolithus nankinensis*（头甲，O）

尾部宽，略呈菱形。发育于晚寒武世。

Eoisotelus（古等称虫），头鞍呈倒梨形，前部最宽，伸达前缘，眼叶间最窄。背沟宽而深。眼叶小，位于头鞍相对位置的后部。固定颊窄。面线前支在头鞍的前下方相遇。尾甲中轴狭长，背沟深而宽；肋部光滑，具下凹的边缘。多见于华北及东北南部，发育于早奥陶世。

Dalmanitina（小达尔曼虫），头鞍向前扩大，具有 3 对鞍沟，后一对内端分叉，前边缘不发育。眼大，靠近头鞍，前颊类面线，具颊刺。尾甲分节多，后端具一末刺。发育于世界各地，早奥陶世至早志留世。

4. 生态及地史分布

三叶虫化石全部发现于海相地层中，常与浅海生动物化石共存，所以主要是底栖在盐度正常的浅海环境。球结子类是一种特殊的三叶虫，由于其壳小、体轻、结构简单，常见于含黄铁矿黑色页岩或灰岩中，说明是营远洋漂浮生活，对环境鉴定和远距离地层对比意义重大。

三叶虫早寒武世出现，以寒武纪最盛，寒武纪被称作三叶虫时代，奥陶纪较繁盛，志留纪、泥盆纪开始衰退，石炭纪仅有少数代表生存，二叠纪末绝灭。世界各地早古生代海相地层中含有大量三叶虫化石，尤其是寒武纪地层三叶虫化石极为丰富，对全球寒武系地层划分对比具有极其重要的意义。三叶虫成为寒武系地层划分对比的第一主导门类化石。

第六节　腕足动物门（Brachiopoda）

一、概述

腕足动物是海生底栖，单体群居，具有体腔，不分节且两侧对称的无脊椎动物。腕足动物体外披着两瓣大小不等的壳，壳的主要成分为钙质或几丁磷灰质。腕足幼虫约有数天至两周的浮游期，浮游期长者可漂移至较远的海域。幼虫沉落水底后，附着于它物上，分泌硬壳发育至成体，终身居居。腕足动物是滤食性生物，双壳开启时海水流进腕腔内，依靠纤毛腕的运动，把新鲜的海水带来的微生物和有机碎屑等沿纤毛腕上的细沟引入口中，因此而得名（图 7-39）。

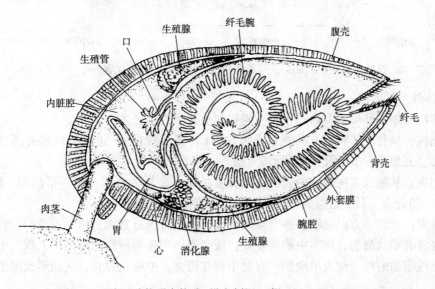

图 7-39　腕足动物形态构造（纵向剖视）（据 Richardson J R, 1986）

现生的腕足类约有 100 属 300 余种，但在地史时期曾相当繁盛，自寒武纪至第四纪均有化石记录，已描述的属达 3500 个，种数超过 33000 个。腕足类化石在地层形成年代的确定和古环境的恢复等方面具有重要意义。

二、腕足动物硬体的基本特征

1. 壳的外形及定向

1) 壳体定向及度量

腕足动物壳是由大小不等的两瓣壳组成，一般腹壳较大，背壳较小（有时背壳也可以大于腹壳）。有茎孔（或三角孔）的壳喙一边为后方，壳喙为腕足动物最早分泌的硬体部分，腹壳和背壳都具有壳喙，一般腹喙较大，喙旁边缘称为后缘；相对的一边即壳体增长的一方为前方，其边缘称前缘。壳的两侧称侧缘。

腕足动物壳体长度是指从喙到前缘中间的最大距离；宽度是正交于长度线的两侧缘间的最大距离；厚度是正交于长度线和宽度线的腹壳和背壳之间的最大距离（图 7-40）。腹壳和背壳之间的接触线称接合缘。壳体后部的接合缘是两壳的铰合处，称为铰合线或铰缘。铰合线与后缘一般不是同一直线。通过四周接合缘的假想平面称为接合面。通过壳体长度线而垂直接合面的假想平面为壳体的对称面。

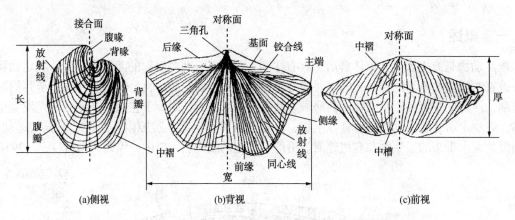

图 7-40　腕足动物（*Cyrtospirifer*，弓石燕）硬体外部构造及定向（据何心一等，1987）

2) 壳体外形

腕足动物壳体的外形主要通过正视、侧视和前视来观察描述。

（1）正视：从背壳或腹壳方向观察壳体轮廓（背视或腹视）。正视的外形有圆形、长卵形、三角形、五角形、方形及横椭圆形等（图 7-41）。

（2）侧视：从侧缘方向观察两壳凸度的相互关系。常见的有双凸型、平凸型、凹凸型、凸凹型（前字指背壳，后字指腹壳）和双曲型（或颠倒型）等（图 7-42）。

（3）前视：从前缘方向观察前接合缘的变化。前接合缘近直线，称为直缘型。背壳壳面中央到前缘常有褶状隆起，称为中褶或中隆；腹壳壳面中央到前缘常有凹槽，称为中槽。这样在前缘形成褶曲的线，称为单褶型。有时中褶在腹壳，中槽在背壳，从而形成单槽型前缘（图 7-43）。

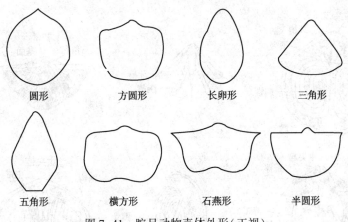

圆形
方圆形
长卵形
三角形
五角形
横方形
石燕形
半圆形

图 7-41　腕足动物壳体外形(正视)

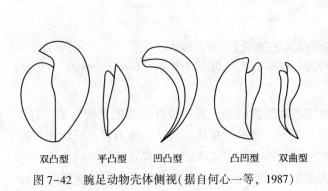

双凸型
平凸型
凹凸型
凸凹型
双曲型

图 7-42　腕足动物壳体侧视(据自何心一等，1987)

直缘型
背瓣
腹瓣
单槽型
单褶型
内褶型
旁褶型
内槽型
旁槽型
下褶型
上槽型

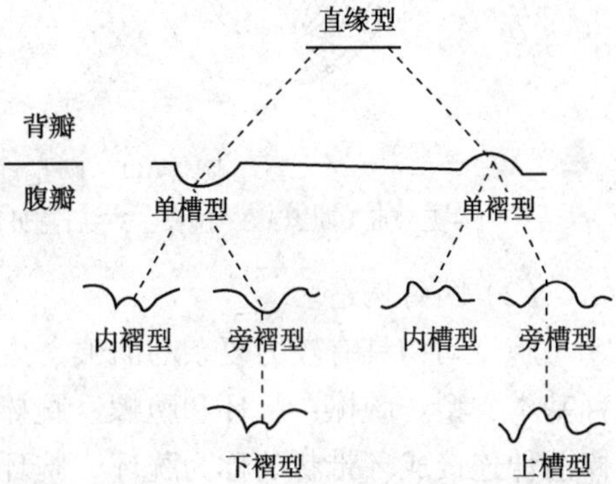

图 7-43　腕足动物两壳前接合缘的变化类型(上方为背，下方为腹)(据王钰，1966)

2. 腕足动物壳体基本构造及壳饰

1) 壳体基本构造

腕足动物腹壳和背壳后端均具壳喙，常以腹喙较明显，或尖耸或弯曲。壳后缘两壳铰合处叫铰合线，铰合线或长或短，或直或曲。铰合线两端为主端，主端或圆或方，或展伸作翼状。自壳喙向两侧延伸至主端的壳面为壳肩，呈棱脊状的壳肩又叫喙脊。喙脊与铰合线包围的三角形壳面称基面，腹壳和背壳都可有基面，通常腹基面发育，背基面较小或不发育。基面可平可曲，大小不一。腹壳喙下基面上常有的圆形或椭圆形孔为茎孔，是软体肉茎伸出之处，有些腕足动物由于肉茎在成年期退化而无茎孔。腹壳基面中央呈三角形的孔洞称三角孔，有时背壳基面上也有，称背三角孔。三角孔经常部分或全部被覆盖，覆盖物有两种，单个或平或凸的三角形板称为三角板，背壳上称为背三角板；若有两块板，中间可见两板的接合线，称为三角双板。

(1) 铰合构造。

腕足动物的铰合构造由腹壳的铰齿和背壳的铰窝(图 7-44)组成。腹壳三角孔的前侧角各有一个突起，称铰齿或铰牙；背壳三角孔的前侧角各有一个深的凹窝，承纳腹壳的铰齿，称为铰窝或牙槽。铰齿之下沿三角孔侧缘向下延伸有一对支板，称为牙板，牙板大多抵达壳底，但是也有悬空的，牙板相向延展联合为匙状物，称为匙形台，匙形台下部有中隔板支持。

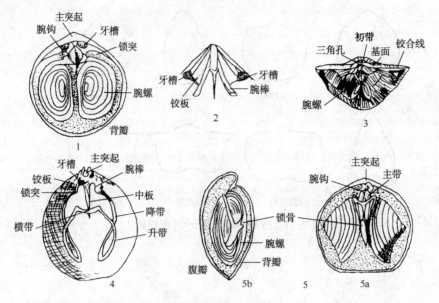

图 7-44 腕足动物腕骨构造（据童金南等，2007）

1—无洞贝型腕螺；2—腕棒；3—石燕贝型腕螺；4—腕环；5—无窗贝型腕螺（5a—正视；5b—侧视）

（2）腕骨构造。

腕足动物具有较为复杂的肌痕、生殖腺痕和腕骨构造。腕骨是纤毛腕的支持骨架，有 3 种基本类型：腕棒、腕环和腕螺。腕棒形态不一，可呈短棒状、钩状、镰刀状、锤状等。腕棒前伸连接成环带状的称为腕环。腕环初始部分称为初带或降带，向腹方转折并向后延伸的部分称为升带，在末端连接两升带的称为横带，并自腕棒向前作螺旋状延伸形成腕螺。腕螺主要有 3 种类型：石燕贝型——螺顶指向主端；无窗贝型——螺顶指向两侧；无洞贝型——螺顶指向背方。

2）壳饰

除少数腕足动物壳面平滑无饰外，大多数具有同心状或放射状壳饰。根据壳饰的粗细，同心状壳饰可分为同心纹、同心线、同心层和成波状起伏的同心皱；放射状壳饰可分为放射纹、放射线和放射褶。有时同心状壳饰与放射状壳饰可彼此交汇形成网格状壳饰。某些腕足动物的壳面有各种突起，细短的为壳刺，长的为壳针；刺针的残留物或不发育的刺状突起，细的叫壳粒，粗的叫壳瘤。

三、腕足动物分类及典型化石代表

腕足动物门的系统分类目前仍没有被学术界一致接受的分类方案。在《Treatise on Invertebrate Paleontology，Part H》（修订版，据 Williams A 等，2000）中，将腕足动物门分为 3 个亚门、8 个纲，包括舌形贝亚门（Linguliformea）、髑髅贝亚门（Craniiformea）和小嘴贝亚门（Rhynchonelliformea）。传统上，根据腕足动物的壳质成分、铰合构造等特征，可分出无铰纲和有铰纲。无铰纲多为几丁质或几丁磷灰质壳，无铰合构造，轮廓多为圆形、卵形和舌形，具茎孔和茎沟。发育于寒武纪至现代。有铰纲多为钙质壳，具有铰合构造。典型化石代表如图 7-45 所示。

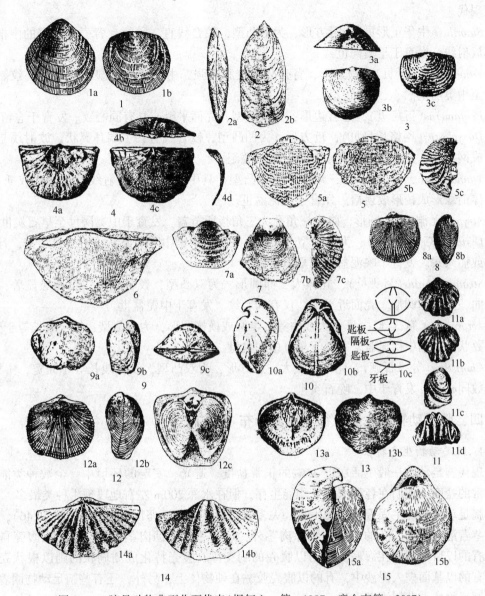

图 7-45 腕足动物典型化石代表（据何心一等，1987；童金南等，2007）

1—*Obolus apolimis*（1a—腹视；1b—背视；C）；2—*Lingula unguis*（2a—侧视；2b—腹视；现代）；3—*Paterina labradorica*（3a—背壳后视；3b—腹视；3c—背视）；4—*Strophomena planumbona*（4a—腹内视；4b—后视；4c—背视；4d—侧视；S）；5—*Dictyoclostus semireticulatus*（5a—腹视；5b—背视；5c—侧视；C_1）；6—*Gigantoproductus maxima*（腹视；C_1）；7—*Echinoconchus lianshanensis*（7a—腹视；7b—背视；7c—侧视；C_1）；8—*Sinorthis typicalis*（8a—背视；8b—侧视；O_1）；9—*Yangtzeella poli*（9a—背视；9b—侧视；9c—后视；O_1）；10—*Pentamerus dorsponus*（10a—侧视；10b—背视；10c—横切面；S_1）；11—*Yunnanellina tipicata*（11a—腹视；11b—背视；11c—侧视；11d—前视；D_3）；12—*Atrypa desquamate*（12a—背视；12b—侧视；12c—背内视；D_2）；13—*Athyris spiriferoides*（13a—背视；13b—腹内视；D）；14—*Acrospirifer ordinaries*（14a—背视；14b—腹视；D）；15—*Stringocephalus bertini*（15a—侧视；15b—背视；D_2）

Lingula（舌形贝），壳薄，长卵形，腹瓣稍大，前缘平直，腹瓣茎沟明显。发育于奥陶纪至现代。

Sinorthis（中华正形贝），近方形，为平凸型，铰合线直，稍短，背壳具浅宽的中槽，壳面具放射线。发育于早奥陶世。

Yangtzella（扬子贝），横方形，背壳凸度较腹壳强，中槽中隆明显，仅有同心纹。发育于早至中奥陶世。

Pentamerus（五房贝），近五边形，为双凸型，壳面平滑或具有同心纹。发育于志留纪。

Dictyclostus（网格长身贝），近方形，为凹凸型，铰合线直，主端耳翼状，放射线与同心线组成网格状，具壳刺。发育于石炭纪至二叠纪。

Yunnanella（云南贝），近三角形，为双凸型，具中槽中隆，放射线为分叉式或插入式，在壳体前缘形成棱形放射褶。发育于晚泥盆世。

Atrypa（无洞贝），圆形，腹壳三角孔为三角板所覆盖。发育于中奥陶世至早石炭世。

Cyrtospirifer（弓石燕），为双凸型，三角孔发育，中槽中隆明显，放射线较细密，且作分叉式或插入式。发育于晚泥盆世至早石炭世。

Stringocephalus（鸮头贝），壳体大，卵圆形，为双凸型，铰合线短，腹壳喙显著，作钩状弯曲，茎孔卵圆形。壳面近平滑，仅有同心纹。发育于中泥盆世。

Acrospirifer（巅石燕），壳体大或中等，半圆或横椭圆形，为双凸型，铰合线长等于壳宽，主端翼状，中槽中褶显著。发育于早、中泥盆世。

Choristites（分喙石燕），壳中等或大，近方形，为双凸型，铰合线长等于壳宽，中槽浅，具少数同心线。发育于中、晚石炭世。

四、腕足动物的生态特征和地史分布

1. 腕足动物生态特征

现代腕足动物一般生活在近35‰的正常盐度、避光、安定的环境中，少数种类能忍受不正常的盐度。他们在各种水深处均能生存，但在水深200m左右地段现生种类最多。

腕足动物是海生固着底栖的生物，大多数以肉茎固着于坚固的物体上（图7-46），有的以肉茎营潜穴生活。有的腕足动物除肉茎外，还有茎丝辅助肉茎固着。有的以腹壳自由躺卧，有的以后缘刺锚在海底，有的以腹壳的刺支撑，腹壳特化成珊瑚状的则以根状壳刺固着，有的以基面楔入泥沙中，有的以腹壳胶黏在硬物体上，另外，还有些腕足动物固着在藻类等漂浮物体上营假漂浮生活。

腕足动物在海底栖居，不同类别对基底有一定的要求。一般在沙底、岩底、碎砾和黏土泥底都有分布。但穴居的腕足动物喜欢沙质底，固着生活的腕足动物喜欢岩底和有碎砾、碎壳的海底，自由躺卧或用刺固着的腕足动物能分布于泥质海底。

古生代的腕足动物化石带与珊瑚、软体动物、层孔虫、苔藓虫、海绵、鋋等共生，所以一般认为当时腕足动物大多生活在浅水、温暖、盐度正常的海底环境中，少数可生活在滨海甚至盐度不正常的地带。中生代发现某些腕足动物与一些深水的生物共生。腕足动物对海底性质、深度、盐度等都有一定的要求，所以是很好的指相化石。

2. 腕足动物地史分布

腕足动物化石始现于早寒武世，在古生代经历奥陶纪、泥盆纪—石炭纪和二叠纪3个大

图 7-46 腕足动物的固着方式(据吴顺宝、李志明等,1983)

1—现代穿孔贝类 *Terebratulina*(准穿孔贝)的生活3种状态:直立,背瓣向下,腹瓣向下;2—现代 *Lingula*(舌形贝)生活状态;3—喙部楔入海底的状态;4—用刺锚在底层的状况;5a—用根状刺固着的状况;5b—腹瓣和背瓣的纵切面;6—现代穿孔贝类 *Chlidonophra chuni* 肉茎及茎丝;7—丝茎管和茎丝伸出的情况

繁盛时期。在二叠纪后期急剧衰退,二叠纪末许多重要类别绝灭,从二叠纪延续到三叠纪的种属极少。进入中生代,虽然还有一些类别数量较多,但已明显进入衰退期。至新生代,腕足动物面貌已接近现代。

第七节 半索动物门(Hemichordata)

一、半索动物门及分类

半索动物(Hemichordata)又称隐索动物(Adelochorda),是非脊索动物和脊索动物之间的一种过渡类型。半索动物身体呈蠕虫状，由吻、领和躯干 3 部分组成，真体腔发达，具背神经索（雏形），消化管前端有鳃裂。口腔背面前方具有一条短盲管，称为口索，这是半索动物所独有的特征。人们一般认为口索是最初出现的脊索，有人则认为它是相当于后来的脑垂体前叶。半索动物全为海生，曾作为一个亚门，归属于脊索动物门，但基于它具有腹神经索及开管式循环，肛门位于身体最后端，而且口索很可能是一种内分泌器官，因此目前多数学者把半索动物作为一个独立的门——半索动物门（Hemichordata）。半索动物门包括 3 个纲（图 7-47）。

（1）肠鳃纲（Enteropneusta）：身体呈蠕虫状，营底固着或埋栖生活，未见可靠的化石记录。现生代表如蠮舌虫（*Saccoglossus*）、柱头虫（*Balanoglossus*）。

（2）羽鳃纲（Pterobranchia）：群体动物，群体骨骼由不规则分支的、间隔向上生长的虫管所构成，有少量化石发现。发育于奥陶纪至现代。现生代表为杆壁虫（*Rhabdopleura*）。

（3）笔石纲（Graptplithina）：单支或多支状群体，群体由多个微小的胞管连接而成，是半索动物门已绝灭的一个纲，化石丰富。发育于中寒武世至早石炭世。

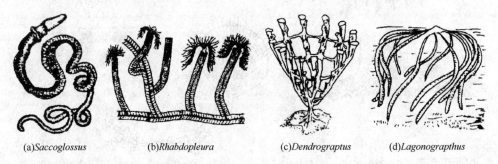

(a)*Saccoglossus*　　(b)*Rhabdopleura*　　(c)*Dendrograptus*　　(d)*Lagonograpthus*

图 7-47　半索动物门主要代表（据 Parker et al. 1963；Shrock，1953；张永骆，1988）

二、笔石纲（Graptplithina）

笔石纲是半索动物门中一类已绝灭的海生微小群体动物。由于其骨骼成分为几丁质（$C_{15}H_{26}N_2O_{10}$），化石常因升馏作用而以碳质薄膜方式保存，在岩层表面形似象形文字，故称笔石。

笔石动物的硬体特征类似于羽鳃纲。羽鳃纲的代表是群体的杆壁虫，具有葡萄管和茎轴，动物居住在虫管中，管壁由薄的硬蛋白质成半环状生长形成。

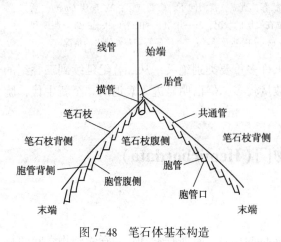

图 7-48　笔石体基本构造

笔石动物为单枝或多枝状群体，个体生活在胞管中，胞管很小，往往小于 1mm；许多胞管连接在一起构成群体，群体长度从几毫米到超过一米。笔石动物出现于中寒武世，在早石炭世绝灭。

1. 笔石动物硬体构造

笔石动物是群体动物，首先通过有性繁殖产生最早虫体，之后分泌出胎管（住室），而后再通过无性出芽生殖形成虫体，虫体又分泌出胞管（住室），之后再无性生殖产生下一代虫体，逐步形成笔石枝、胎管和一个或多个笔石枝组成的笔石体（图 7-48）。

1）胎管

笔石动物最早形成的一个长锥状或长柱状的住室，是笔石体生长发育的始部，尖端部分称为原胎管，口端部分称为亚胎管（图7-49）。胎管上有芽孔、胎管刺、口刺。胎管管壁由内、外两层壁组成。在亚胎管一侧由管壁中生出一条直的胎管刺；另一侧常因胎管口缘延伸形成口刺；在基胎管尖端反口方向伸出一条纤细的线状管，称为线管。正笔石目的有轴笔石亚目，其线管硬化，称为中轴。

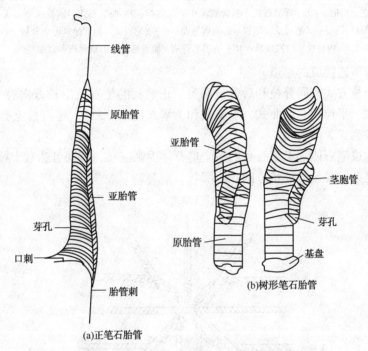

图7-49　笔石胎管（据武汉地质学院古生物教研室，1983）

2）胞管

胞管为笔石动物单个虫体的住室，呈叠瓦状排列在笔石枝上，结构与亚胎管相似，由表皮层和纺锤层构成。第一个胞管由胎管侧面的一个小孔出芽生出。树形笔石有正胞管、副胞管、茎胞管（茎系）（图7-50）。正胞管和副胞管是由茎系连接在一起的，而茎系是由硬化变黑的芽茎串连而成的。芽茎出芽长出正胞管、副胞管和新的芽茎，如此相继不断形成多分枝的树形笔石类。正笔石只有正胞管，但胞管形态多样，有直管状、褶曲状、内弯状、外弯状、分离状等，可分为10种类型（图7-51）。

3）笔石枝和笔石体

笔石枝为由连续芽生而成的许多胞管所组成的枝状骨骼。树形笔石笔石枝的形成为：原胎管的芽孔→第一代茎胞管→第二代正胞管、副胞管、茎胞管→第三代，等等。正笔石笔石枝的形成为：亚胎管的芽孔→第一代正胞管→第二代正胞管，等等。

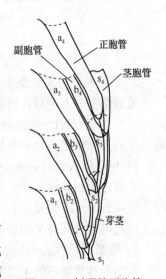

图7-50　树形笔石胞管

笔石枝分始端、末端，且分背、腹。胞管也分背、腹。正笔石枝背侧的共通管相当于树

图 7-51　正笔石胞管形状

1—均分笔石式：胞管简单，直管状；2—单笔石式：胞管向外弯曲，呈钩状；3—卷笔石式：胞
管向外卷曲，呈球状；4—半耙笔石式：胞管向外伸展，大部分孤立，呈三角形；5—耙笔石式：
胞管孤立，呈耙形；6—纤笔石式：胞管腹缘作拔状曲折；7—栅笔石式：胞管强烈曲折，呈显
著的方形口穴；8—叉笔石式：胞管口部向内卷曲；9—瘤笔石式：胞管始部形成背褶，口部向
内转曲，口穴显著；10—中国笔石式：胞管褶曲，形成背褶和腹褶

形笔石的茎胞管所连接成的通道。

笔石枝的分枝方式有同分枝和后分枝两类。正笔石的笔石枝生长方向有 7 种：下垂式、
下斜式、下曲式、平伸式、上曲式、上斜式和上攀式(图 7-52)。笔石枝上胞管的排列可分
为：单列式、双列式、多列式。

由笔石枝构成笔石体。正笔石目的一个笔石体少则一枝，多则可达数十枝。树形笔石目
的笔石体分枝复杂，常呈树枝状、网状或羽状。

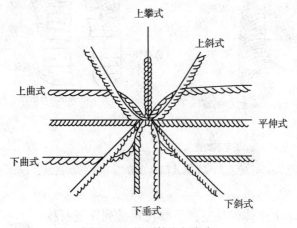

图 7-52　笔石枝生长方向

2. 笔石的分类及典型化石代表

笔石纲下分 6 个目：树形笔石目(Dendroidea)、管笔石目(Tuboidea)、腔笔石目(Cama-
roidea)、茎笔石目(Stolonoidea)、介壳笔石目(Crustoidea)和正笔石目(Graptoloidea)。其中
树形笔石目和正笔石目分布广泛、化石丰富，典型化石代表如图 7-53 所示。

1) 树形笔石目(Dendroidea)

笔石体为树状或丛状，一般为固着生活，少数营漂浮生活。笔石枝很多，规则或不规
则，枝间有时具有连接物，称为横耙。两种胞管：正胞管和副胞管，由黑色硬化的茎系连
接。每枝可多达几百个胞管。发育于中寒武世至早石炭世。

2) 正笔石目(Graptoloidea)

正笔石目是笔石纲中最重要的一个目，依据线管是否形成中轴及笔石枝的愈合情况，可
分为 3 个亚目：无轴正笔石，隐轴正笔石，有轴正笔石。

(1) 无轴亚目(Axonolipa)：笔石体由一枝至多枝组成，下垂至上斜生长，胞管以直和

内弯为主,无中轴,发育于奥陶纪。

(2)隐轴亚目(Axonocypta):笔石体具 2 个或 4 个笔石枝,攀合;胞管形态直或微内弯。若笔石枝背部相接攀合,各枝胞管都能看到,则称为双肋式或多肋式攀合,如心笔石(*Cardiograptus*)为双肋式攀合,叶笔石(*Phyllograptus*)为多肋式攀合。若笔石枝两枝的侧面重叠,侧视只见一列胞管,则称为单肋式攀合,如隐笔石(*Cryptograptus*),舌笔石(*Glossograptus*),发育于早至中奥陶世。

(3)有轴亚目(Axonophora):笔石体上攀,双列或单列胞管,中轴发育,位于胞管背侧的共通沟中。胞管形态多样。

Dendrograptus(树笔石),笔石体呈树状,一般分枝不规则,正胞管常为管状,副胞管形状不定。发育于中寒武世至早石炭世。

Dictyonema(网格笔石),笔石体呈锥形或盘状,胎管露出或包围在根状构造里,笔石枝为正分枝,各枝平行或近于平行,枝间有横耙连接,形成网格状。发育于晚寒武世至早石炭世。

Dichograptus(均分笔石),笔石体平伸至上斜伸展,正分枝 3 次,具有 5~8 个末枝,末级枝长,胞管直。发育于早奥陶世。

Tetragraptus(四笔石),笔石体左右对称,正分枝两次,具 4 个笔石枝,下垂至上斜式,胞管为直管状。发育于早至中奥陶世。

Didymograptus(对笔石),笔石体两边对称,仅有两个笔石枝,下垂或上斜,胞管直管状。发育于早至中奥陶世。

Sinograptus(中国笔石),具两个下垂的笔石枝,胞管强烈褶皱,褶皱顶端均具有相当发育的刺。发育于早奥陶世。

Nemagaptus(丝笔石),两个主枝细长而弯曲,有时为 S 形,主枝外弯的一侧生有次级枝。各枝间距离近等。发育于中奥陶世。

Dicellograptus(叉笔石),两枝上斜生长或互相交叉,胞管曲折,口部向内转曲,口穴显著。发育于奥陶纪。

Dicranograptus(双头笔石),笔石体的两个笔石枝在始部攀合,末部分开向上斜伸,呈 Y 形。胞管为叉笔石式。发育于中奥陶世至晚奥陶世。

Phyllograptus(叶笔石),四枝攀合,背部相靠,横切面呈十字形。胞管简单。发育于早奥陶世。

Glyptograptus(雕笔石),笔石体单枝双列,横切面呈椭圆形,胞管腹缘波形弯曲,常呈尖锐的口尖。发育于早奥陶世至早志留世。

Monograptus(单笔石),笔石枝直或微弯曲,胞管口部向外弯曲,呈钩状。发育于早志留世至早泥盆世。

Pristiograptus(锯笔石),上攀单列,笔石体直或弯曲,胞管为简单的直管状。发育于志留纪。

Rastrites(耙笔石),笔石体弯曲,呈钩形,非常纤细,胞管呈线形,孤立,无掩盖,口部向内弯曲,胞管与轴近乎垂直相交。发育于早志留世。

Cyrtograptus(弓笔石),笔石体呈螺旋形卷曲,具有胞管幼枝,胞管呈三角形。发育于中志留世。

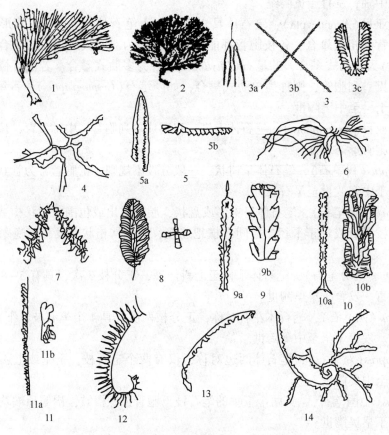

图 7-53 笔石动物典型化石属例

1—*Dictyonema crassibasale*（S）；2—*Acanthograptus macilanlus*（O_1）；3—*Tetragraptus*（3a—*T. fruticosus*；3b—*T. quadribrachiatus*；3c—*T. phyllograptoides*；O_1）；4—*Dichograptus changshanensis*（O_1）；5—*Didymograptus*（5a—*D. murchisoni*；5b—*D. abnormis*；O_{1-2}）；6—*Nemagraptus gracilis*(O_2)；7—*Sinograptus tipicnlis*(O_1)；8—*Phyllograptus typus*(右侧为横切面；O_1)；9—*Glyptograptus perculptus*(S_1)；10—*Climacograptus bicornis*(O_3)；11—*Monograptus priodon*(S_1)；12—*Rastrites longispinus*(S_1)；13—*Streptograptus nodifer*(S_1)；14—*Cyrtograptus murchisoni*(S_2)

3. 笔石的生态特征

大部分树形笔石的形状为树枝状，有类似于茎、根及底盘等的结构，地理分布零散，区域性很强，有时集中在某一区域的某一层位中，在已发现的化石中多与腕足、三叶虫等浅海底栖生物共生，这类树形笔石的生活习性为固着于海底生活，适于氧气充足、海水较浅的地区。

正笔石及其他各类笔石胎管明显，具有线管或中轴以及各种浮游结构（如浮胞），同时，这些笔石都是沿岩层层面保存，地理分布极广，许多属种的分布达到了世界性的广度，一般认为这些笔石的习性大都是浮游生活类型。

笔石类化石可以保存于各种沉积岩，但主要保存在 3 类岩石中：（1）黑色页岩，往往含大量笔石，很少或完全不保存其他类别的化石，并含有较多的碳质和硫质成分，常见黄铁矿化；（2）黄色或黄绿色页岩、泥岩、粉砂岩中，笔石类化石的含量不是很多，常与腕足类、三叶虫类、介形类等生物化石类群保存在一起，说明是正常海相沉积，属于混合相；（3）碳酸盐岩，如石灰岩、白云岩等，也可有少量笔石化石保存，但有许多介壳化石，这一般代表

正常浅海沉积，常被称为介壳灰岩相。总之，笔石动物可以生活在从滨海到陆棚边缘和陆棚斜坡等海域，但最主要还是保存在页岩中，尤其是黑色页岩，往往含有大量笔石，反映了一种较深水的滞流还原环境。此种还原环境底层缺氧，底栖生物难以生存，而浮游生活的笔石死后沉于海底，不易被破坏而大量保存下来，这种岩相类型称为笔石页岩相，因而笔石化石是一种很好的指相化石。

4. 笔石动物的地史分布及演化趋向

笔石动物始现于中寒武世。树形笔石目在中、晚寒武世及早奥陶世较多，但一直延至早石炭世才绝灭；正笔石目在奥陶纪极为繁盛，志留纪开始衰退，早泥盆世末绝灭。笔石动物在地史上分布是有一定规律性的，尤其是正笔石目表现得更为明显，可简单划分4个阶段（图7-54）：（1）早奥陶世早期，以多枝的树形笔石为主；（2）早奥陶世中至晚期，以八枝到二枝的正笔石为主，其次有单枝双列的正笔石，除个别正笔石的胞管发生褶皱（如中国笔石）外，绝大多数的正笔石胞管都是直管状；（3）中至晚奥陶世，以二枝的正笔石最为丰富，其次为单枝双列的正笔石，绝大多数的正笔石胞管都是内弯状；（4）志留纪至早泥盆世，以单枝单列的笔石为主，早至中志留世尚有单枝双列的正笔石，晚志留世至早泥盆世只有单枝单列的正笔石，胞管外弯状，甚至呈孤立状。

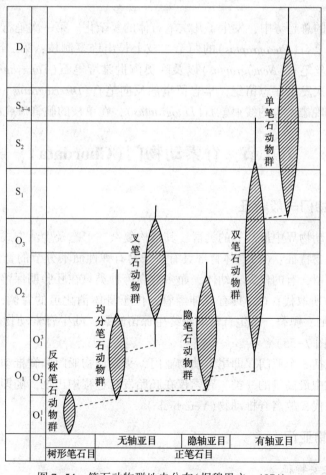

图 7-54 笔石动物群地史分布(据穆恩之，1974)

正笔石目的笔石特征明显，演化速度快，分布广，是早古生代地层划分对比的重要标准化石。笔石动物的演化趋向主要表现于胞管形态、笔石枝生长方向以及笔石体的变化等方面。

（1）笔石胞管的变化。

较原始的笔石胞管都是直管状。奥陶纪笔石的胞管几乎都是向内弯曲的，有的发生褶曲。除少数例外，志留纪笔石的胞管都是向外弯曲的，有的变为孤立。

（2）笔石枝生长方向变化。

笔石枝的生长方向变化总的趋势是：下垂式、下斜式→平伸式→上斜式、攀合式。

从早奥陶世开始，笔石枝的各种生长方向均已存在，但总的趋势是下垂、下斜、平伸、上斜至攀合；到中志留世，双列攀合式最后消失，只存在单列奥陶纪中国笔石科的胞管发生褶曲；中、晚奥陶世，纤笔石科、叉笔石科和双头笔石科的胞管向内弯曲，可称笔石胞管内弯期；志留纪，胞管以外弯为主，称为胞管外弯期。

（3）笔石体的变化。

原始的正笔石是由树形笔石演化而来，其特点是分枝多，以后逐渐减少，笔石体趋于简化，最后到一个笔石体只有一个笔石枝。从早奥陶世到早泥盆世各类笔石体中的笔石枝从多到少。

在笔石体简化的总趋势中，发生了几次笔石体的复杂化。第一次笔石体复杂化是发生在早奥陶世晚期，翼笔石（*Pterograptus*）的两个主枝上长出许多侧枝；第二次发生在中至晚奥陶世，中奥陶世的丝笔石（*Nemagraptus*）以及晚奥陶世棠垭笔石（*Tangyagraptus*）的两个主枝上长出次枝；第三次发生在志留纪，早志留世的反向笔石（*Diversograptus*）、中志留世的弓笔石（*Cyrtograptus*）和晚志留世的线痕笔石（*Linograptus*），在单枝的胞管口或胎管口长出幼枝。

第八节　脊索动物门（Chordata）

一、脊索动物门一般特征

脊索动物门是动物界中最高等的类群，其结构复杂，形态及生活方式极为多样。

脊索动物的主要特征：（1）身体背部具有一条富有弹性而不分节的脊索支持身体，低等的种类脊索终生保留，有的仅见于幼体，而多数高等种类只在胚胎期保留脊索，成长时即由分节的脊柱（脊椎）所取代；（2）具有背神经管，位于身体消化道的背侧，脊索（脊柱）位于其下方；（3）具有咽、鳃裂，水生脊索动物终生保留鳃裂，陆生脊索动物仅见于胚胎期或幼体阶段（如蝌蚪）（图7-55）。

脊索动物门包括3个亚门，即尾索动物亚门、头索动物亚门和脊椎动物亚门。其中，脊椎动物为脊索动物中最高等的一类，脊索仅在胚胎发育过程中出现，随即被由若干单个脊椎骨组成的脊柱所取代，故名脊椎动物（Veterbrate）。

二、脊椎动物亚门

1. 脊椎动物主要特征

脊椎动物身体有头、躯干和尾的分化，故又称有头类。多数种类，脊索只见于个体发育的早期，以后即为脊柱所代替。躯干部具附肢（偶鳍或四肢），有少数种类附肢退化或消失。除无颌纲外，均具备上、下颌。此外，脊椎动物具有完善的中枢神经系统，位于身体背侧，其前端发育为大脑；循环系统位于身体腹侧；且具内骨骼。

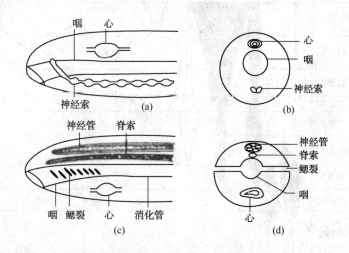

图 7-55　脊索动物与无脊椎动物构造模式比较（据惠利惠）

（a）、（b）—无脊椎动物体纵切面和横切面；（c）、（d）—脊索动物体纵切面和横切面

2. 脊椎动物亚门分类

脊椎动物分类有不同的划分方案。本书采用 Romer（1966）在《古脊椎动物学》一书中的分类，把脊椎动物亚门分为 2 个超纲、9 个纲（图 7-56，图 7-57）。

Romer 提出的分类方案在纲的划分上是目前多数人所同意的，只是在超纲一级的划分上，未能体现出无颌类与有颌类两类大的进化阶段。

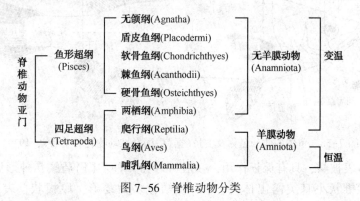

图 7-56　脊椎动物分类

三、鱼形动物超纲（Pisces）

1. 鱼形动物一般特征

鱼形动物包括全部水生、冷血、鳃呼吸、自由活动的脊椎动物。它们的身体多呈纺锤形，不具有有五趾的肢骨而具有发育的鳍。其中，背鳍、臀鳍和尾鳍不成对，位于身体的对称面上，统称奇鳍。胸鳍及腹鳍成对，在身体左、右两侧，统称偶鳍。鳍内有骨质棘，称鳍棘。鳍在身体的部位及相互关系，鳍刺及鳍条的排列情况，对鉴定鱼类化石有重要意义（图 7-58）。

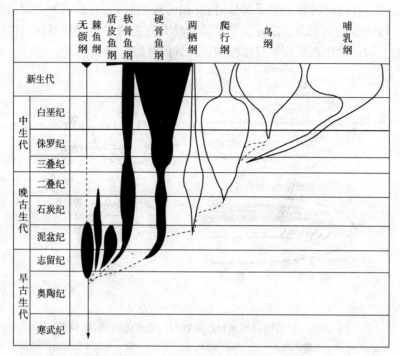

图 7-57 脊椎动物各纲地史分布(据 Colbert，1980)

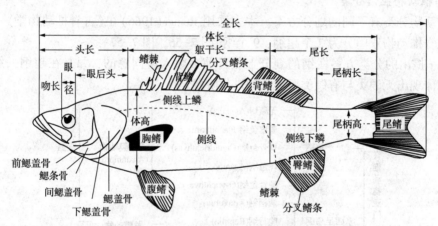

图 7-58 鱼体各部分名称及度量(据《中国脊椎动物化石手册》，1979)

多数鱼类体表披鳞，具有保护作用，一般可分为 4 种：(1)盾鳞，外形似盾，基板部分埋于皮层内，尖锥状小棘突露出体外；(2)硬鳞，多为菱形，厚板状，表面具珐琅质层；(3)圆鳞，为骨质鳞，表面无珐琅质，可见同心状生长线纹；(4)栉鳞，也是一种骨质鳞，只是鳞片表面具小棘，后缘具小锯齿(图 7-59)。

无颌纲是最原始的脊椎动物，最早的化石记录为发现于早寒武世澄江动物群中的昆明鱼(*Myllokunmingia*)和海口鱼(*Haikouichthys*)，晚志留世和泥盆纪，无颌类极其繁盛，泥盆纪末大部分灭绝，仅少数残延至今。在志留纪和泥盆纪地层中常见的是一些全身披有骨质甲片"甲胄"的无颌类，统称甲胄鱼类。甲胄鱼类化石丰富，具有重要的生物地层和古动物地理意义。现生无颌类体外无鳞片，身体细长，背部的长背鳍向后延伸到达尾部，口位于头部的腹面，无上、下颌，仅具有一吸盘圆孔，故称为圆口类，包括七腮鳗和盲鳗两类共50余种。

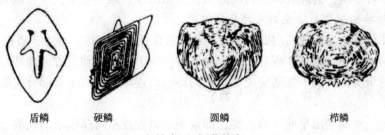

盾鳞　　　硬鳞　　　　　圆鳞　　　　栉鳞

图 7-59　鱼鳞类型（据薛德育，1952）

2. 鱼形动物分类及地史分布

鱼形动物超纲包括5个纲：无颌纲，盾皮鱼纲，棘鱼纲，软骨鱼纲和硬骨鱼纲（图7-60）。在当今的地球上，鱼形动物的种数占整个脊椎动物种数的一半以上。

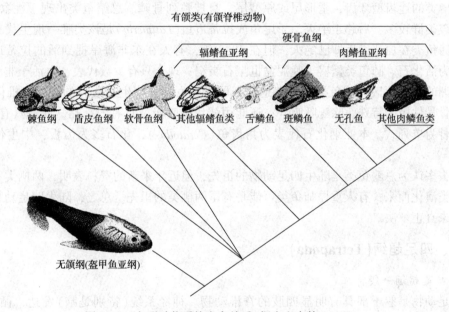

有颌类(有颌脊椎动物)

硬骨鱼纲

辐鳍鱼亚纲　　　　　　肉鳍鱼亚纲

棘鱼纲　盾皮鱼纲　软骨鱼纲　其他辐鳍鱼类　舌鳞鱼　斑鳞鱼　无孔鱼　其他肉鳍鱼类

无颌纲(盔甲鱼亚纲)

图 7-60　鱼形动物系统发育关系（据童金南等，2007）

盾皮鱼纲是最原始的有颌鱼类，最早出现于志留纪，繁盛于泥盆纪，石炭纪急剧衰退，至石炭纪末期绝灭。盾皮鱼类外形及基本构造与无颌类相似，头部和躯干前部披有骨质的甲片，身体后部裸露或具鳞片。大多数盾皮鱼类是海生种类，少数为淡水类型，因具成对的鼻孔、颌及偶鳍，从而增强其感觉、取食和运动的能力。盾皮鱼纲典型的化石为胴甲目的沟鳞鱼（*Bothriolepis*），该属在中、晚泥盆世全世界广布。

棘鱼纲（Acanthodii）为一类原始的有颌鱼类，体小，眼大，吻短，外形似鲨，体表覆以细小的菱形鳞片，背、胸、腹和臀鳍的前端具有硬棘。棘鱼类出现于早志留世，繁盛于泥盆纪，早二叠世绝灭。

软骨鱼纲（Chondrichthyes）内骨骼全为软骨，除个别种类外，均为海生类型，从早志留世开始出现，一直延续到现在。软骨鱼化石多为牙齿、鳍棘化石和鱼粪化石。

硬骨鱼纲（Osteichthyes）是鱼类中种类最多、数量最大的一个纲，是水体环境中发展最为成功的一类脊椎动物，广泛分布于海洋、湖泊、河流等地表所有水域中。硬骨鱼类骨骼高度骨化，体披骨质鳞，具鳔或肺。自晚志留世开始出现，延续至今，现在极为繁盛。

3. 鱼形动物的演化与陆生四足动物的起源

现代各种鱼类是由盾皮鱼(Placodermi)发展演化而来的(图7-60)。盾皮鱼类化石发现于志留纪后期地层中，繁盛于泥盆纪。泥盆纪时，由于地壳运动，古地理环境发生巨变，原在淡水栖息的鱼类，有的不能适应炎热干涸的环境而逐渐绝灭，也有部分由陆地水域被迫迁居海中。

盾皮鱼的一支演变出早期软骨鱼类，即是淡水鱼类迁至海洋生活的代表。另一支为适应抗旱能力，体内长出一对囊状突起，起到原始肺脏的作用，以代替鳃的功能，因此演变为早期的硬骨鱼类。

硬骨鱼纲的肺鱼类、总鳍鱼类的扇鳍鱼类具有内鼻孔及肉质偶鳍，能在环境多变的淡水水域中生活。总鳍鱼类具两个背鳍，胸鳍和腹鳍发达，其内支持骨呈叶状排列，眼孔大，具原始两栖类的迷齿型牙齿，歪形尾或原型尾，身披整列骨鳞。总鳍鱼类出现于泥盆纪中期，中生代该类群较多，后趋于绝灭。矛尾鱼或拉蒂迈鱼(Latimeria)是该类唯一现生代表，过去认为总鳍鱼类在白垩纪后即已绝灭，但在1938年，有人在东非海岸捉到活的拉蒂迈鱼，因而称它为活化石。肺鱼类繁盛于晚泥盆世至石炭纪，现今只有少数代表，生活于非洲、澳洲和南美洲的赤道地区。肺鱼类内骨骼退化，硬骨不发达，终生有残存的脊索，椎体尚未形成，头骨骨件极为特殊。除鳃呼吸外，还能用鳔代肺呼吸，具有内鼻孔。偶鳍具有肉质基，但支持骨为单列式。本亚纲化石代表为角齿鱼(Ceratodus)，化石多为齿板，中生代地层中常见。

过去多认为总鳍鱼类是陆生四足动物的祖先，但近年来新的资料表明，两栖类不一定由总鳍鱼类演化而来，有人重提肺鱼类可能是有尾两栖类的祖先。总之，陆生四足动物的起源问题还未真正解决。

四、四足超纲(Tetrapoda)

1. 四足超纲一般特征

四足动物是躯干部具有明显四肢的脊椎动物。神经系统(特别是脑)发达，循环系统、消化系统完善，用肺呼吸。包括两栖纲、爬行纲、鸟纲和哺乳纲。

2. 两栖纲(Amphibia)

两栖纲是最低等的四足动物，为由水生开始向陆生过渡的一类。其最主要的特征是在个体发育中有一个变态过程：幼体在水中生活，体形似鱼，用鳃呼吸，无成对附肢；成年则具有四肢，多半在陆地生活，用肺呼吸，但它的肺还不完备，需要靠湿润的富于腺体的皮肤帮助呼吸。此外，两栖类头骨多扁平，骨片数目较鱼类减少，鳃盖骨化。

两栖纲的进步表现在初步解决了登陆所必须具备的若干条件：(1)有肺，可以在空气中呼吸，但肺不完备，需要靠湿润的皮肤帮助呼吸；(2)具有能支撑身体和运动的四肢；(3)早期两栖类身披骨甲或硬质皮膜来防止水分蒸发，现生种类则靠生活于阴湿处和分泌黏液进行保护。两栖类的出现是脊椎动物进化史上的一件大事，不过两栖类仍然未能真正摆脱水环境，集中表现为在水中产卵，幼体生活在水中，成年后肺和皮肤不够完备。

两栖纲始现于晚泥盆世，繁盛于石炭纪和二叠纪，并一直延续至现代。两栖纲可分为3

个亚纲，其中的迷齿亚纲属于原始两栖类。发现于格陵兰晚泥盆世淡水沉积中的鱼石螈(*Ichthyostega*)是该类最早期代表。其头骨、脊椎骨、肢骨的形态、基本构造特征以及牙齿的特点均与古总鳍鱼类(*Sauripterus*)相似，两者头骨与肢骨构造可以比较。鱼石螈具五趾形四肢，无鳃盖片等显示了陆生脊椎动物的特点。因此，可以认为鱼石螈为鱼类向两栖类演化的过渡类型。还值得提出的是迷齿亚纲的蚩螈(*Seymouria*)，它具有两栖类与爬行类的特点，牙为迷齿型，头骨具有单一枕髁等，有人认为这种两栖动物有可能演变为中生代爬行类，也有人把蚩螈置于爬行纲中的无孔亚纲，因它出现较晚(早二叠世)，故可能是两栖类向爬行类进化中一绝灭的旁支。

3. 爬行纲(Reptilia)

1) 爬行动物一般特征

爬行动物为真正的陆生脊椎动物。爬行动物区别于两栖动物之处表现在头骨骨片减少，具有一个枕髁。头骨具颞颥孔(图 7-61)。牙齿大多生于颌骨边缘，多为侧生齿，有的种类为槽生齿，少数仍为端生齿。四肢强大，趾端具爪。体披角质鳞片或具骨板，骨骼全面硬骨化。爬行类比两栖类更为进步之处在于具有羊膜卵。

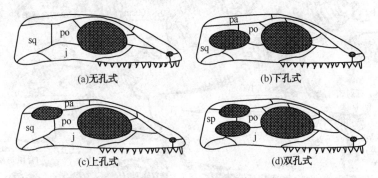

图 7-61 爬行动物头骨侧视——示颞颥孔类型(据 Romer，1966)

2) 羊膜卵的形态构造和功能

爬行动物的卵不但具有石灰质的硬壳，可以预防损伤，减少卵内水分蒸发，而且在胚胎发育过程中还产生一种纤维质厚膜，称为羊膜。羊膜包裹整个胚胎，形成羊膜囊，其中充满羊水，使胚胎悬浮在液体环境中，能防止干燥和机械损伤。卵黄可供给胚胎充分的养料，卵内尿囊则可收容胚胎的排泄物。因此，卵内可完成各阶段的胚胎发育。

羊膜卵的出现，是脊椎动物进化史上又一次重大变革。羊膜卵的出现，使脊椎动物在胚胎发育时可以完全脱离对水的依赖，完全能在陆上进行繁殖，使四足动物征服陆地成为可能，并向各种不同的栖居地纵深分布和演变发展，这是中生代爬行类在地球上占统治地位的重要原因。

3) 爬行动物分类及地史分布

爬行动物依据颞颥孔的类型可分为 4 个亚纲：无孔亚纲，双孔亚纲，上孔亚纲和下孔亚纲。爬行类始现于晚石炭世早期，在二叠纪逐渐增多，全盛于中生代，故中生代又称爬行动物时代。尤其是双孔亚纲的蜥臀目和鸟臀目，也就是俗称的恐龙(图 7-62)，曾经在中生代显赫一时，因而中生代又称为"恐龙时代"，恐龙到白垩纪末全部绝灭。现生爬行类仅有 4 个目，其中，只有龟鳖类及蛇蜥类能适应环境而繁衍，种类多且分布广。鳄类只有 8 属，生活于热带及亚热带大河流域及海域。

4) 恐龙的绝灭问题

曾经在中生代显赫一时的恐龙，到白垩纪末全部绝灭，这个问题引起地质学界和人们的广泛注意和兴趣，虽久经争论，仍未真正解决。一般认为，在中生代晚期地球上气候变干燥，恐龙不能适应，尤其是植物大量减少，威胁到了恐龙的生存。此外，地外因素，如超新星爆炸、宇宙射线增强、陨石雨撞击地球等，也会影响植物生长；或因植物产生毒素使恐龙食之慢性中毒而死亡。所有这些假说，均还缺乏有力的证据和充分的说服力。化石记录表明，恐龙绝灭决不仅是地内或地外突然带来的灾难，更不是白垩纪末恐龙同时归于绝灭。事实上，恐龙绝灭现象是在中生代后期相当长的地质历史时期内发生的，各类恐龙的绝灭时期不一，如剑龙亚目在白垩纪初绝灭，蜥脚亚目在白垩纪后期已经减少并最后趋于绝灭。地理和气候环境的巨变，引起食物链的中断和生存环境的破坏，可能是恐龙绝灭直接和主要的原因。

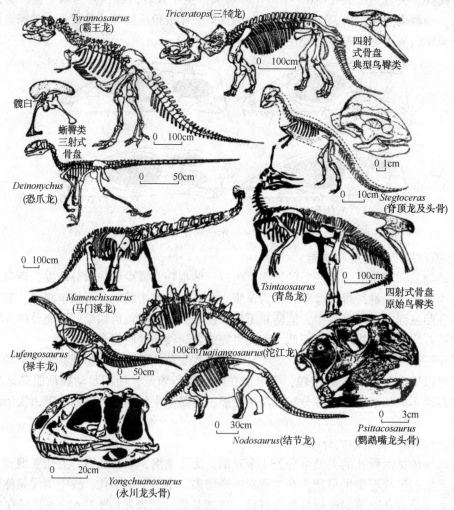

图 7-62　恐龙类代表属例（据自何心一等，1993）

4. 鸟纲（Aves）

鸟类是对飞行适应最成功的一类脊椎动物。它的主要特征是体表覆以羽毛，有翼，恒温和卵生，骨骼致密、轻巧，髓腔较大，许多部分骨骼愈合，胸骨发达，这些都是鸟类与其他脊椎动物的根本区别。

根据牙齿的有无、尾椎特征、胸骨龙骨突的有无等特点，鸟纲分为古鸟亚纲、反鸟亚纲和今鸟亚纲3个亚纲。

鸟类起源于爬行动物。最早的鸟类化石产于德国巴伐利亚索伦霍芬晚侏罗世"索伦霍芬石灰岩"中的始祖鸟(*Archaeopteryx*)(图7-63)，其特点是除具有羽毛外，其余骨骼特点均与爬行类一致，如有尾，有牙，前肢末端仍具爪等。现在一般认为始祖鸟不是现代鸟类的直接祖先，只是进化中的一个侧支，真正鸟类的祖先可能出现得更早。我国新疆、甘肃的白垩纪，青海的始新世地层发现过零星的鸟骨化石。1996年，我国辽西侏罗纪地层中采到一块珍稀鸟类化石，取名中华龙鸟。中华龙鸟也同时具有鸟类和爬行类的特点，有人认为它是一只恐龙，不管是鸟还是恐龙，至少也是鸟类起源于爬行类的又一证据。

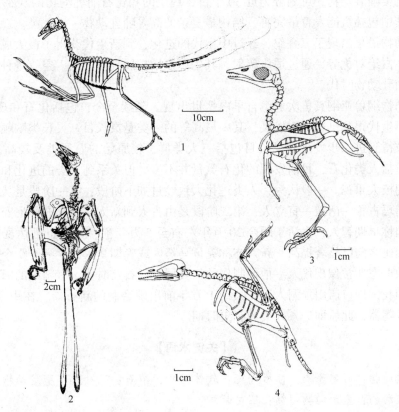

图7-63 鸟类化石代表(据Steinmann、Doderlein、童金南，2007)

1—始祖鸟(*Archaeopteryx*)；2—孔子鸟(*Confuciusornis*)；3—华夏鸟(*Cathayornis*)；4—辽宁鸟(*liaoningornis*)

5. 哺乳动物纲(Mammalia)

哺乳动物纲是脊椎动物中最高等的一类，它具有更完善的适应能力。恒温、哺乳、脑发达、胎生(除单孔类外)等是哺乳动物的主要特点。哺乳动物的进步性还表现在以下几方面：(1)具有高度发达的神经系统和感官，能适应多变的环境条件；(2)牙齿分化，出现口腔咀嚼和消化，提高了对能量的摄取能力；(3)身体结构比爬行动物更为进化和坚固，一般具有快速运动的能力。

哺乳动物的牙齿是其硬体中最坚硬的部分，易保存为化石。哺乳动物的牙齿一般分化为门齿、犬齿、前臼齿和臼齿4种。前臼齿和臼齿合称颊齿，根据其形态和食性关系可分为3种主要类型：（1）切尖型，食肉动物；（2）脊齿型，食草动物；（3）瘤齿型，杂食动物。哺乳动物的牙齿组合形态随动物食性不同而变化多样，因此，对分类具有极为重要的意义。

哺乳动物纲分为原兽亚纲(Prototheria)和兽亚纲(Theria)两个亚纲。

原兽亚纲是最原始的哺乳动物，生活于晚三叠世至现代，分为单孔目、三锥齿兽目、柱齿兽目和多瘤齿兽目。化石种类遍布全球各地，现生的卵生哺乳动物鸭嘴兽和针鼹仅见于澳大利亚和新几内亚。

兽亚纲为哺乳动物演化的主体，分为三尖齿兽(古兽)次亚纲(Trituberculata)、后兽次亚纲(Metatheria)和真兽次亚纲(Eutheria)3个次亚纲。兽亚纲中的三尖齿兽(古兽)次亚纲、后兽次亚纲和原兽亚纲为无胎盘哺乳动物，称为原始哺乳动物。兽亚纲中的真兽次亚纲为最高级的有胎盘类哺乳动物，可划分为近30个目，现生的和化石哺乳动物的95%以上属种属于该亚纲，其中包括机能发育最完善、结构最复杂的高等哺乳动物——人类。

哺乳动物最早出现于三叠纪，经过中生代的进化，到新生代获得了极大成功，取代了爬行动物，并占绝对优势，通过适应辐射，其生态领域扩展到海、陆、空等各种环境，故新生代又称为哺乳动物时代。

哺乳动物纲兽亚纲真兽次亚纲自早白垩世出现，延续至今，包括化石和现生有胎盘类。真兽类在新生代得到迅速辐射发展，其中最高等的一类是灵长目。灵长类脑颅大，眼睛大而前视，前肢得到进一步发展。灵长目包括三大类群，较原始的原猴类及较高等的猴类和猿类。猿类包括人类化石，目前发现的化石数量并不多，但关系到人类的进化和起源问题，因而受到人们极大重视。一般认为，人类进化大致经过如下阶段：第一阶段是从猿到人，即森林古猿—腊玛古猿—南猿—直立人；第二阶段是由古人到新人，古人亦称尼安德特人，简称尼人，我国称早期智人，生活于距今20万年左右至5万年前，其脑量已达现代水平，制作石器技术相比之前已显著提高。新人亦称克鲁马努人或晚期智人，生活于距今5万年前至现代，新人的形态非常像现代人。他们制作的工具属于旧石器时代，有精细的旧石器、骨器和角器等，如我国周口店山顶洞人等。大约1万年前出现磨制的新石器，在距今6000年前后逐渐出现了陶器，此后即进入人类的有史时期。

【关键术语】

无脊椎动物；四射珊瑚；横板珊瑚；软体动物；菊石；三叶虫；腕足动物；笔石；脊索动物；脊椎动物；鱼形动物超纲；四足超纲。

【思考题】

1. 四射珊瑚有哪4种构造组合带型？每种类型的时代分布是什么？
2. 简述造礁珊瑚在古地理、古气候上的意义。
3. 比较四射珊瑚与横板珊瑚的不同点。
4. 简述头足纲体管类型及其特征。
5. 简述菊石的缝合线类型及其特征。
6. 简述双壳纲的一般特征。

7. 简述三叶虫纲的一般特征。

8. 简述三叶虫的地史分布与的生态特征。

9. 根据头甲与尾甲的大小关系，可以分为几种尾甲类型？

10. 不同地质历史时期的三叶虫的形态结构特征有何不同？

11. 根据螺顶指向及初带，腕螺可以分为几种类型？

12. 腕足动物与软体动物双壳纲在硬体上有何不同？

13. 简述笔石的生态及地史分布特征。

14. 笔石页岩相代表什么环境？

15. 简述脊索动物门的主要特征。

16. 简述脊椎动物的主要特征与分类。

17. 简述鱼形动物超纲的演化简史。

18. 简述爬行纲的主要特征与分类。

19. 简述恐龙的分类位置。

20. 简述鸟类和哺乳类的早期演化。

第八章 植物界(Plantae)

【本章核心知识点】

本章系统阐述了植物界的基本特征及分类。重点介绍各类植物化石的主要形态、结构构造、观察鉴定方法及植物界的演化。

(1) 植物是适应陆地生活、具有光合作用能力的多细胞真核生物。植物由单细胞、多细胞或各种不同类型的细胞群所组成。植物界与动物界最根本的区别是其自养,可进行光合作用。植物具有根、茎、叶等器官的分化。

(2) 具维管系统的植物界出现于4亿多年前的志留纪,它使得生物的生态领域真正从水域扩展到陆地,开始了陆地生物的演化阶段,使大地披上绿装。

(3) 根据适应陆地生活的能力和进化的形态,可将植物分为苔藓植物(bryophytes)、蕨类植物(pteridophytes)、裸子植物(gymnosperms)和被子植物(angiosperms)4类。

第一节 植物的形态结构与分类

一、植物的形态结构

植物是适应陆地生活、具有光合作用能力的多细胞真核生物。植物由多细胞或各种不同类型的细胞群所组成,大多具有司输导等作用的维管束系统,一般都有根、茎、叶等器官的分化。植物界与动物界最根本的区别是可以进行自养光合作用。

具维管系统的植物界出现于4亿多年前的志留纪,它使得生物的生态领域真正从水域扩展到陆地,开始了陆地生物的演化阶段,使大地披上绿装。

古植物是划分和恢复古大陆气候地理分区的主要标志。自古生代到新生代,古植物在地层划分和对比中一直起着重要作用。各种古植物本身亦直接参与了成矿作用和成岩作用,如藻类形成礁灰岩(藻礁)、藻煤、硅藻土等。古植物与石油、油页岩生成有密切的关系,也是各地史时期聚煤的物质基础。不同时期、不同环境有不同的植物群,所以古植物化石在划分对比地层、恢复古地理古气候及找矿等方面具有重要意义。

1. 根

根是植物的营养器官。根的主要功能是吸收水分和无机盐,支持、固着植物体。根的形态除因类别而不同外,常因环境不同而异,旱生植物的根系能扎入深层土壤或膨大;潮湿地区植物根系较浅,常水平延伸或在茎的下部形成不定根或板状根以加强支撑。根部化石最常见于煤层的底板层中。

植物根依据起源可分为:主根、侧根、不定根(气生根)。依据根系的形态可分为:直根系、须根系。

自种子萌发出的根,以后在生长过程形成主轴,称为主根(图8-1)。主根萎缩产生大量须状丛生的根系,称须根。如单子叶植物的禾本科、莎草科等植物均具须根而无明显主根，双子叶植物的部分水生植物亦具有发达的须根。植物的根为了存储营养物质而膨大为块状，形成地下块根。我们都吃过的红薯就是块根。在热带树林中常见到从树上垂悬的根状物，它就是气生根。

2. 茎

1) 茎的形态和类型

茎是连接植物叶和根的轴状结构，其功能是输送水分、无机盐和有机养料，并支持树冠。

茎的形态结构复杂，因生长习性不同可分为地上茎和地下茎。其中，地上茎分为：直立茎、攀援茎、缠绕茎、匍匐茎(图8-2)；地下茎分为：块茎、球茎、鳞茎。

根据植物茎的质地，植物可分为木本植物和草本植物。木本植物为多年生，茎可次生增粗。木本植物又可分为具有高大显著主干的乔木；没有明显主干，分枝接近地面或从地面丛生的灌木；具有攀援或缠绕茎的藤本。草本植物有一年生或多年生，茎一般不能次生增粗。

主根　　　　　　　须根

图8-1　植物的根系

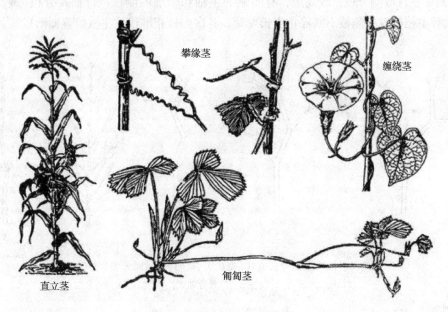

图8-2　茎的生长习性类型

2) 茎的结构

茎由表皮、皮层、中柱组成(图8-3)。表皮是茎的最外层，与皮层内分生出的栓质化周皮合称树皮。皮层由司营养的薄壁细胞组成。中柱是输导组织维管束所在处，又分为中柱鞘(中柱最外层薄壁细胞)、维管束(输导组织)和髓、射髓(薄壁细胞)。

维管束又分为3部分：(1)韧皮部：由筛管、筛胞组成；(2)形成层：分生出次生韧皮部和次生木质部；(3)木质部：由胞管、管胞组成。

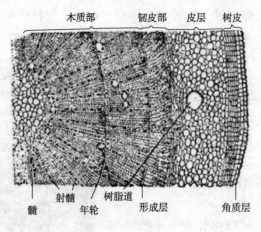

图 8-3 松树茎的横切面

3) 茎的分枝

茎的分枝方式为：等二歧式分枝由顶端分生组织均等(原始陆生植物)；不等二歧式分枝由不等二歧分叉形成；二歧合轴式分枝(叉枝交替成为主枝)；侧出式分枝(也称单轴式分枝)是由侧芽发育成侧分枝，较高级，有明显的主轴和较细的侧枝；合轴式分枝(最高级，由主枝和代替主枝位置的侧枝不断停止生长发育，各次侧枝相继代替主枝位置而形成)(图 8-4)。

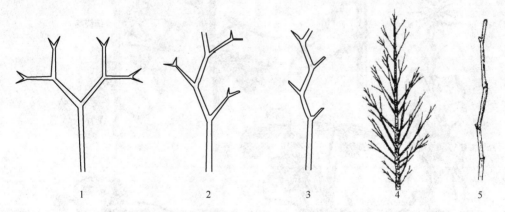

图 8-4 植物茎的分枝方式(据杨关秀，1993；周云龙，1999)
1—等二歧式；2—不等二歧式；3—二歧合轴式；4—单轴式；5—合轴式

3. 叶

1) 叶的组成和叶序

叶是植物的营养器官，其主要功能是光合作用、吸收作用和繁殖作用。叶是地层中保存化石数最多的植物体器官组织。

植物的叶由叶片、叶柄和托叶 3 部分组成。3 部分俱全的叶称为完全叶；缺少其中 1 个或 2 个部分的叶称为不完全叶。没有叶柄的叶称为无柄叶，叶柄上只有一枚叶片的称为单叶；叶柄上有两片以上叶片的叶称为复叶，复叶依据叶片的排列方式可分为多种类型(图 8-5)。叶在枝上排列的方式称为叶序，有互生、对生、轮生、螺旋生等类型(图 8-6)。

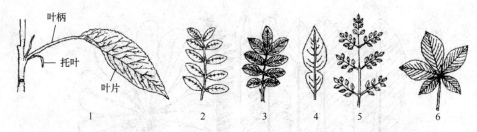

图 8-5　单叶和复叶(据高信曾，1978)

1—完全叶的组成；2—偶数单羽状复叶；3 奇数单羽状复叶；4—单身复叶；5——次羽状复叶；6—掌状复叶

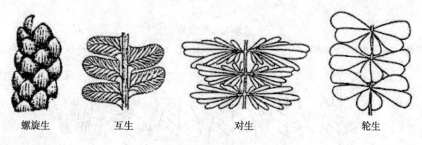

螺旋生　　　互生　　　对生　　　轮生

图 8-6　叶序的类型

2）叶的形态

叶的形态特征主要表现在叶片的大小和形状，不同种类的植物有很大的不同。叶片的长度由几毫米到几米(如棕榈、香蕉的叶片等，王莲的巨大漂浮叶直径甚至达 2m)不等。

叶的形状包括叶的整体轮廓，叶的顶端、基部及叶边缘。叶的轮廓通常以叶的长、宽之比及最宽处的部位为标准而划分为基本的几何形态，并结合常见物体形象来命名(图 8-7)。叶在形态上的多样性，是植物种类形态特征的重要方面。

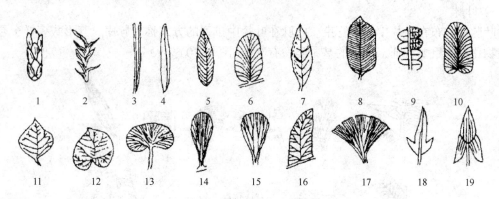

图 8-7　叶的几何形状

1—鳞片形；2—锥形；3—针形；4—条形；5—披针形；6—卵形；7—长椭圆形；8—矩圆形；9—方形；10—舌形；
11—菱形；12—心形；13—肾形；14—匙形；15—楔形；16—镰刀形；17—扇形；18—戟形；19—牙形

叶的边缘形态可分为全缘、锯齿状、波状、浅裂、深裂、全裂和掌状分裂等类型(图 8-8)。叶顶端形态和叶基部形态也有多种类型(图 8-9)。

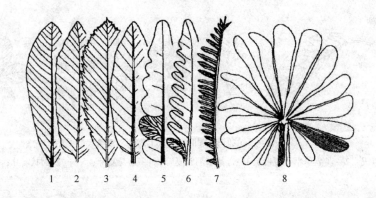

图 8-8 叶缘形态

1—全缘；2—锯齿状；3—重锯齿；4—波状；5—羽状浅裂；6—羽状深裂；7—羽状全裂；8—掌状分裂

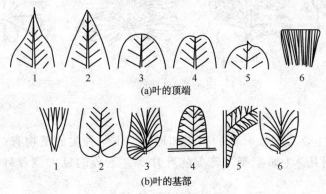

(a)叶的顶端

(b)叶的基部

图 8-9 叶顶端和基部形态

(a)叶顶端：1—急尖；2—渐尖；3—钝圆；4—凹缺；5—短尖头；6—截形
(b)叶基部：1—楔形；2—心形；3—偏斜；4—截形；5—下延；6—圆形

3) 叶脉

叶脉是分布在叶片中的维管束。叶脉在叶片中排列的方式称为脉序，其形式多样，是鉴定植物化石的重要特征，叶脉的基本类型有 9 种(图 8-10)。

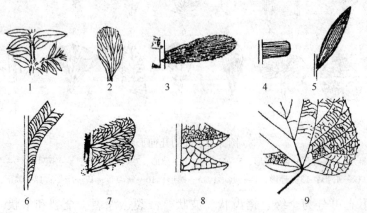

图 8-10 叶脉类型

1—单脉；2—扇状脉；3—放射脉；4—平行脉；5—弧形脉；6—羽状脉；7—简单网脉；8—复杂网脉；9—掌状脉

二、植物的分类

植物界的自然分类系统按照植物体分化完善程度、解剖结构、营养方式、生殖和生活史类型进行分类。古植物的自然分类系统与现代植物基本一致(图 8-11)。根据适应陆地生活的能力和进化的形态，植物可明显区分为苔藓植物(bryophytes)、蕨类植物(pteridophytes)、裸子植物(gymnosperms)和被子植物(angiosperms)4 类。由于苔藓植物和蕨类植物形成孢子，不具有种子，故称孢子植物(spore plants)。裸子植物和被子植物都有种子，合称为种子植物(seed plants)。在蕨类植物、裸子植物和被子植物中有逐渐发达的维管组织，故统称为维管植物。但古植物的分类又有其特殊性，给有些植物化石的自然分类带来一定困难，因此常要辅以人为的形态分类。

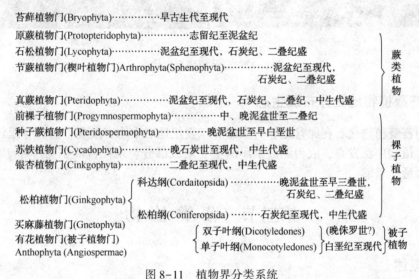

图 8-11　植物界分类系统

第二节　苔 藓 植 物

一、苔藓植物一般特征

苔藓植物是植物界中一类小型的、结构原始的多细胞绿色植物。苔藓植物体大的只有几十厘米，小的肉眼几乎难以辨认。苔藓植物体为无茎叶分化的扁平叶状体，或为有茎叶分化的茎叶体，无真正的根，只有由单列细胞组成的丝状根。茎叶体类中茎内没有真正的维管组织，仅依靠特殊型细胞起输导作用，因而又称非维管植物。叶多由一层细胞组成，既能进行光合作用，又能直接从外部吸收水分和养分，叶内无叶脉或只有一条类似中脉的中肋，起支持叶的作用。苔藓植物世代交替明显，配子体世代占优势，孢子体不发育，不能独立生活，寄生在配子体上；有性生殖必须在水中进行，苔藓植物是水、陆过渡型植物；受精后，合子(受精卵)形成胚。

二、苔藓植物分类

根据植物体分化程度，苔藓植物门可分为苔纲(Hepaticae)和藓纲(Musci)(图 8-12)。

苔纲的植物体多为叶状体，化石以拟苔(*Hepaticites*)最为常见。藓纲的植物体常分化为茎和叶，化石以二叠纪的原始泥炭藓(*Protosphagnum*)为代表。

(a)苔纲   (b)藓纲

图8-12　苔藓植物现生代表

三、苔藓植物地史分布及生态

可靠的苔藓植物化石在泥盆纪、石炭纪和二叠纪地层中均有发现，但二叠纪较多。自古近纪起苔藓植物广泛发育，成为泥炭沼泽的主要组成部分。现代苔藓植物广布于全球各地，在潮湿地区最为繁盛。

第三节　蕨　类　植　物

一、概述

蕨类植物是一类以孢子繁殖、具维管束的陆生植物，其木质部主要由管胞所组成，又称管胞植物(Tracheophyte)。蕨类植物通常具有根、茎、叶和维管组织分化，它们和种子植物统称维管植物(vascularplant)，但蕨类植物没有种子，其生活史具有明显的世代交替现象，无性世代的孢子体和有性世代的配子体均能独立生活，但以孢子体占优势。

蕨类植物从志留纪晚期开始出现，石炭纪、二叠纪繁盛，中生代晚期起逐渐衰退。现代的蕨类植物多为草本植物，主要生活于热带、亚热带湿热地区。

依据植物体形态、结构和孢子囊的特征，蕨类植物分为原蕨植物门(Protopteridophyta)、石松植物门(Lycophyta)、节蕨植物门(Arthrophyta)和真蕨植物门(Pteridophyta)。

二、原蕨植物门(Protopteridophyta)

1. 原蕨植物基本特征

原蕨植物也称裸蕨植物(Psilophytes)，或称无叶植物(Aphilates)，是最早而原始的陆生维管植物。裸蕨类植物体矮小，一般高不到1m，茎结构简单，二歧式分枝，无叶，具假根，孢子囊单个着生于枝的顶端，少数聚集成孢子囊穗。

2. 原蕨植物分类及代表化石

原蕨植物门可根据孢子囊结构和排列、枝轴分枝特征等分为两个纲：莱尼蕨纲

（Rhyniopsida）和工蕨纲（Zosterophyllopsida）。常见化石代表有瑞尼蕨（*Rhynia*）、工蕨（*Zostero-phyllum*）等（图8-13）。

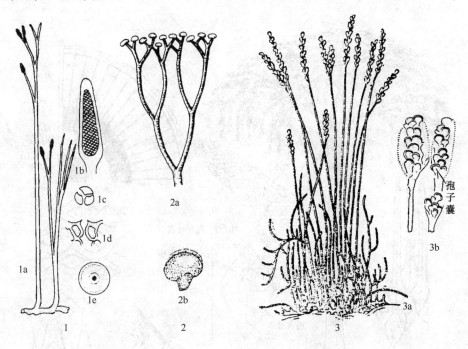

图8-13　原蕨植物化石典型属例

1—*Rhynia*；2—*Cooksonia*；3—*Zosterophyllum*

Zosterophyllum（工蕨），植物体高仅20cm，丛生，基部分叉成H形或K形的根状茎或假根，茎轴不分枝或二歧分枝，光滑，无叶，孢子囊为肾形，侧生于轴顶。发育于早、中泥盆世。

Cooksonia（库克森蕨），植物体枝轴纤细、二歧式分叉，光滑，无叶，体矮小，孢子囊为肾形或球形，侧生于轴顶。发育于早泥盆世。

Rhynia（瑞尼蕨），植物体高约18cm，二歧式分枝，表面光滑，无叶，孢子囊顶生，与库克森蕨的区别在于孢子囊较大，长3mm，呈圆锥形或椭圆形。发育于早、中泥盆世。

3. 原蕨植物地史分布及生态

原蕨类始现于晚志留世，早、中泥盆世繁盛。由于其只有简单的维管束，只能生活于滨海沼泽或暖湿低地，不能适应复杂多变的陆地环境，所以裸蕨于泥盆纪末期即绝灭。

三、石松植物门（Lycophyta）

1. 石松植物一般特征

石松类植物有乔木、灌木和草本，茎二歧式分枝。孢子囊单个着生于叶腋或叶的上表面近基部。小型、无柄的单叶螺旋状密布于茎枝上，单脉。叶基部膨大、脱落后在茎枝表面留下的痕迹称为叶座，叶座常为菱形。石松门的典型化石鳞木类就是以叶座在茎枝上排列成鱼鳞状而得名。叶座的中上部可有叶痕，叶痕呈心形、菱形等。叶痕表面横列有3个小点痕，中间的是叶脉痕迹，称为束痕，束痕两侧为通气道痕或称侧痕。有的类型叶痕之下另有两个通气道痕，叶痕上方有叶舌留下的叶舌穴(图 8-14)。叶座的形状、结构及排列方式是鳞木类进一步分类的依据。

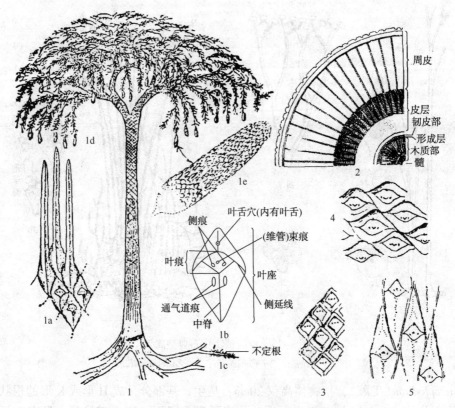

图 8-14　石松植物鳞木(*Lepidodendron*)复原图及其叶座

1—植物体复原图及各部器官示意图(1a—叶在茎或枝上着生状态及叶脱落后留下的叶座；1b—一个叶座的放大及各部分名称；1c—根座在地下二歧分枝的匍匐分布状态；1d—鳞孢穗；1e—鳞孢穗放大)；2—鳞木茎的横切面，示较小的中柱和发达的周皮和皮层；3—不定华夏木(*Cathaysiodendron incertum*)，叶座正菱形，束痕和两侧痕位于叶痕对角线上；4—猫眼鳞木(*Lepidodendron oculus-felis*)，叶座宽大似猫眼，束痕呈 V 形；5—斯氏鳞木(*L. szeianum*)，叶座呈长纺锤形，束痕呈椭圆形略大于侧痕

2. 石松植物分类及代表化石

石松植物的分类主要依据植物体生活型、茎的解剖结构、根座类型、孢子叶穗及孢子异同等分为两大类。叶座的形状、结构及排列方式是鳞木类进一步分类的依据。

Protolepidodendron(原始鳞木)，草本，高 20～30cm，具平卧根状茎，茎粗约 2～6mm，叶长达 15mm 左右，宽仅 1mm，分叉一次，基部较宽。叶座细小，呈狭菱形或纺锤形，无叶痕，呈螺旋状或假轮状排列。孢子囊单个着生于叶的腹面，呈圆形或椭圆形。发育于中泥盆世。

Leptophloeum(薄皮木)，乔木状，二歧分枝，叶座较大，菱形，表面光滑，呈螺旋状排列，叶痕呈纺锤形，位叶座顶端。发育于晚泥盆世。

Lepidodendron(鳞木)，乔木，高可达 30m 以上，叶座通常呈纵的菱形或纺锤形，其中上部有叶痕。叶痕呈横菱形或斜方形，中央有一维管束痕，两侧各有一侧痕。叶痕下方常有一中脊和横纹。发育于石炭纪至二叠纪。

Sigillaria(封印木)，乔木，高达 25～30m，分枝少，仅在顶端分叉 1～3 次或不分叉，叶

呈线形，长达 1m，叶座常不太明显，成直行排列，叶痕较大，呈六边形或扁圆形。发育于石炭纪至二叠纪。

3. 石松植物地史分布及生态

石松植物门始现于早泥盆世早期，晚泥盆世开始繁盛，极盛于石炭纪，成为当时重要的造煤植物，中生代以后衰退。现在仅存少数适应性较强的草本类型，如卷柏等。现代石松植物绝大多数为喜阴湿的草本，而在晚古生代，除了初期发展阶段以草本为主外，自晚泥盆世起小乔木就开始普遍发育，至石炭纪，在当时的热带区以高达几十米的乔木为主，它们生长在暖湿的海滨低地或沼泽中，以发达平展的根座固着，茎表面通气组织发育。而温带区的乔木，个体相对小。晚石炭世至二叠纪，地壳表面干旱环境渐增，部分石松植物表现为茎相对粗短而分枝减少，中柱进化。中生代早期在全球普遍干旱气候环境下，植物体向简化方向发展，茎干粗短，肉质，不分枝，叶数目少而弱化，粗短肉质的根座表明可能除固着、吸收外，并具贮存作用。由于草本类型因生活周期短，可塑性强而能适应不同的环境，故中、新生代至现代石松植物门绝大多数为草本。

四、节蕨植物门(Arthrophyta)

1. 节蕨植物一般特征

节蕨植物为草本或木本，茎为茎单轴式分枝，明显分为节和节间，故名。节间表面具有纵向分布的肋和沟，分别称为纵肋和纵沟，上下节间的肋、沟直通或不同程度错开。节蕨植物叶为小型叶，呈线形、楔形等，也称楔叶植物门(Sphenophyta)，其枝、叶轮生于节上(图 8-15)。有的叶基部相互联合成叶鞘。孢子囊着生于孢囊柄上聚集成孢子囊穗。节蕨类植物的叶、茎及其髓部空腔被沉积物充填而成的茎髓模常保存为化石，木贼科节部横断面的节隔膜化石，在三叠系和侏罗系常见。

2. 节蕨植物分类及代表化石

节蕨植物根据植物体形态、茎的结构和生殖器官特征，一般直接分为 4 个目：歧叶目(Hyeniales)，羽歧叶目(Pseudoborniales)，楔叶目(Sphenophyllales)和木贼目(Equisetales)。前 3 个目皆为绝灭植物。常见化石有楔叶(*Sphenophyllum*)、芦木(*Calamites*)、瓣轮叶(*Labatannularia*)等(图 8-15)。

Sphenophyllum(楔叶)，茎细瘦，通常直径不大于 5mm，叶轮生，每轮叶为 3 的倍数，通常为 6 枚叶，一般成顶端宽而基部窄的楔形。扇状脉。叶的排列形式有两种，一种 6 枚叶等大，另一种 6 枚叶不等大，呈 3 对分列于枝两侧，称为三对型。发育于晚泥盆世至早三叠世，在我国于石炭纪至二叠纪最盛。

Calamites(芦木)，乔木，茎、叶等器官通常分散保存。茎干化石最常见的类型是髓腔充填泥沙所形成的髓模，其节间表面也有纵向的肋和沟。芦木上、下节间的纵沟、纵肋在节部相错，纵肋的顶端常具有节下管痕，为通气组织。发育于晚石炭世至二叠纪。

Annularia(轮叶)，叶轮生，与枝几乎位于同一平面上，每轮叶有 6~40 枚，叶呈线形、倒披针形或匙形等，具单脉。发育于中石炭世至二叠纪。

Lobatannularia(瓣轮叶)，为芦木类的枝叶化石。每轮叶 16~40 枚，叶的形状和着生方式与轮叶相同，但叶的长短差别大，多少向外、向上弯曲，形成明显的两瓣。具有上、下叶缺，一般下叶缺明显。叶基部彼此分离或大多数不同程度地连合。发育于二叠纪。

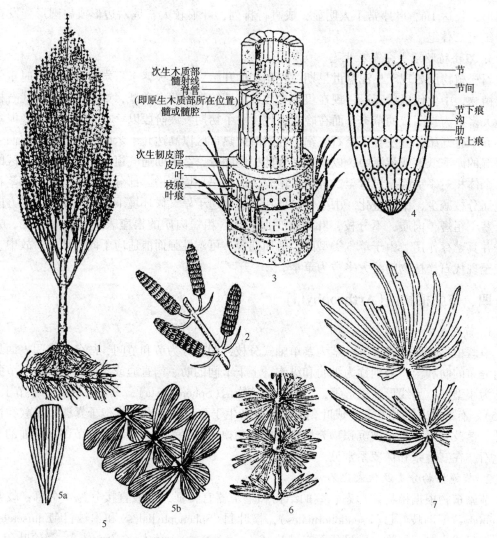

次生木质部
髓射线管
脊管
(即原生木质部所在位置)
髓或髓腔

次生韧皮部
皮层
叶
枝痕
叶痕

节
节间
节下痕
沟
肋
节上痕

图 8-15　节蕨植物(据何心一等，1993；傅英祺等，1981)

1—节蕨植物芦木类复原图之一；2—孢子囊穗；3—茎的结构；4—茎的髓模化石之一——芦木(*Calamites*)示意
图；5—美楔叶(*Sphenophyllum speciosum*)(5a—示二歧分叉扇状叶脉；5b—枝叶)；6—星轮叶(*Annularia stellata*)，
叶轮生，长短近等，单脉；7—剑形瓣轮叶(*Labatannularia ensifolia*)，叶明显分为两瓣，长短差别大

Equisetites(似木贼)，常为茎干外部印痕化石，茎细，分节明显，节内有节隔膜。纵肋和纵沟不明显，在节的上、下彼此错开。枝、叶轮生于节上，叶基部相互连合成鞘状紧贴于茎上，称为叶鞘，上部彼此分离作齿状。发育于中石炭世至新生代。

Neocalamites(新芦木)，植物体小，茎分节清楚，纵肋和纵沟细，上、下节间的肋、沟相互错开，叶轮生于节上，无节下管痕。发育于三叠纪至中侏罗世。

3. 节蕨植物地史分布及生态

节蕨植物始现于早、中泥盆世，石炭纪至二叠纪全盛，遍及全球，中生代以后逐渐衰退，现仅存一个属，即木贼(*Equisetum*)。节蕨植物门早期多为草本，在石炭纪、二叠纪极盛期生活型多样化，其中乔木状植物为沼泽森林的主要组成之一，管状中柱、茎中央的大髓腔、贯穿射髓的通气组织和平铺的根状茎都表明它们适应于热带区的暖湿环境。

五、真蕨植物门(Pteridophyta)

1. 真蕨植物一般特征

真蕨植物是蕨类植物中现代生存数量最多的一类,绝大多数为多年生草本。茎一般不发育,不具有次生组织,以具有大型羽状复叶为特征,一般一至多次羽状复叶,也有单叶和掌状叶,总称为蕨叶。叶脉有羽状脉,网状脉和扇状脉。

小羽片是构成蕨叶的最基本单位,它的形态和叶脉形式是鉴定蕨叶类型的重要依据。凡载有孢子囊的小羽片或羽片,称为生殖叶或实羽片,不具孢子囊的称营养叶或裸羽片。

真蕨植物与其他蕨类植物的主要区别是真蕨植物叶大,多为羽状复叶,也有单叶或掌状分裂叶,总称蕨叶。孢子囊着生于叶的背面。由于大型羽状复叶化石常常保存不全,不易确定其分裂次数,所以通常从羽状复叶的最小单位开始计算羽次(图8-16)。羽状复叶的小叶称为小羽片,小羽片长在末级羽轴上,长于其他羽轴上的小羽片,称为间小羽片;小羽片加末级羽轴构成(末次)羽片,羽片长在末二级羽轴上,长于其他羽轴上的羽片,称为间羽片。小羽片是鉴定蕨叶的基本单位。不同种类小羽片的轮廓及其基部、顶端、边缘、叶脉等特征各不相同。真蕨门的蕨叶与种子蕨的叶极为相似,在未见生殖器官的情况下,一般依其形态建立形态属。

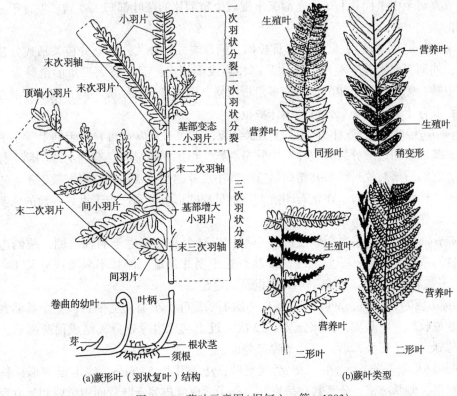

(a)蕨形叶(羽状复叶)结构　　　　(b)蕨叶类型

图8-16　蕨叶示意图(据何心一等,1993)

2. 真蕨植物分类及代表化石

根据孢子囊形态、位置、囊群盖的形式及孢子囊环带的位置,可分为原始蕨纲(Primofilicopsida)、厚囊蕨纲(Eusporanginatae)和薄囊蕨纲(Leptosporangioatae)3 个纲。典型化石代表属例如图 8-17 所示。

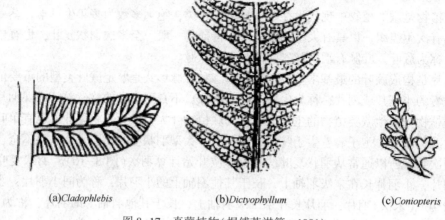

(a)Cladophlebis   (b)Dictyophyllum   (c)Coniopteris

图 8-17 真蕨植物(据傅英祺等,1981)

Cladophlebis(枝脉蕨),蕨叶为 2~4 次羽状分裂,小羽片常较大,且多少呈镰刀形,顶端常尖或圆凸,全缘或具齿。羽状脉,侧脉常分叉。*Cladophlebis* 是一个广泛应用的形态属,一般把自二叠纪至中生代具上述形态而又未发现生殖羽片的蕨叶都归入本属。发育于三叠纪至早白垩世。

Dictyophyllum(网叶蕨),蕨叶大,具长柄,柄顶端二歧分叉,每个分枝叉轴式分枝向内弯成弧形,外侧辐射状着生羽片。羽片基部相连或不相连,羽片裂成三角形至镰刀状小羽片,各具中脉,侧脉以直角伸出,结成多角形网格,网内有细脉结成小网,孢子囊群着生于细网孔内。发育于北半球晚三叠世至中侏罗世。

Coniopteris(锥叶蕨),蕨叶为 2~3 次羽状分裂,末次羽片以宽角着生于轴上。小羽片呈楔羊齿形,基部收缩边缘分裂为裂片。中脉呈羽状,但细弱不显著。有的羽片基部下行具变态小羽片,它的后瓣裂片呈线形并指向后方。实小羽片的裂片常退化,囊群着生于叶边缘或叶脉末端,具杯状的囊群盖,在化石印痕上囊群呈扁圆形。该属广布于世界各地的侏罗纪至早白垩世,以侏罗纪为最繁盛。

Pecopteris(栉羊齿),多次羽状复叶,小羽片以整个基部着生于羽轴两侧,两侧边近平行,顶端钝圆或略作收缩,一般全缘。中脉直达小羽片顶端,侧脉不分叉或分叉 1~3 次。(形态属,多数属真蕨纲)。发育于早石炭世至二叠纪。

Danaeopsis(拟丹尼蕨),蕨叶大,为 1~2 次羽状复叶,小羽片呈带状,整个基部着生于轴上,下延或收缩。中脉粗,侧脉分叉 1~2 次,近小羽片边缘处分叉结成稀疏网状,基部下延处有邻脉。孢子囊呈圆形。发育于晚三叠世。

Bernoullia(贝尔瑙蕨),为 1~2 次羽状复叶,小羽片长 5~6cm,线形至剑形,基部收缩,中脉粗强,侧脉细密,分叉数次呈束状,孢子囊成群排列于叶背面中脉两侧。发育于晚三叠世。

Clathropteris(格子蕨),蕨叶大,各羽片基部相联合,羽片浅裂成锯齿状,中脉粗直,侧脉呈羽状,第三次脉相互联成长方形网格。发育于晚三叠世至早侏罗世。

Onychiopsis(拟金粉蕨)，蕨叶细弱，为2~3次羽状复叶，羽片呈线形，与轴成锐角。小羽片呈伸长的披针形，顶端尖锐，全缘或浅裂，实小羽片呈卵形或椭圆形。中脉明显，孢子囊位于中脉两侧。发育于晚侏罗世至早白垩世。

3. 真蕨植物地史分布及生态

真蕨植物最早出现于中泥盆世，石炭纪中、晚期开始大发展，并与石松植物门、节蕨植物门共同成为石炭纪、二叠纪潮湿热带森林的主要成分。中生代晚三叠世至早白垩世蕨类植物进入一个新的极盛期，晚白垩世至上新世出现了一些新类型，并延续至今，但在植物界中逐步成为次要类群。真蕨植物广布于不同气候条件地区，但以热带、亚热带潮湿区为最盛。主要为陆地生活，仅少数生长于沼泽、池塘或附生于其他植物茎、枝上。我国南部、东南亚和南太平洋为现代真蕨植物最丰富的地区。

第四节　裸子植物

一、概述

裸子植物是以种子繁殖的植物，种子无果实包被而裸露。裸子植物世代交替不明显，孢子体特别发达，配子体密生在孢子体上，大多是多年生木本植物，多数为单轴分枝的高大乔木，具有强大的根系。维管系统发达。叶的类型多样，有大型的羽状复叶、带状单叶和小型的针状、鳞片状和扇状叶等。裸子植物出现于晚泥盆世，石炭纪开始繁盛，中生代极盛，中生代末期退居次要地位。

根据植物体形态、叶片、脉序、次生木质部和繁殖器官特征，裸子植物可分为前裸子植物门(Progymnospermophyta)、种子蕨植物门(Pterdospermophyta)、苏铁植物门(Gycadophyta)、银杏植物门(Gingkophyta)、松柏植物门(Coniferophyta)和买麻藤植物门(Gnetophyta)。

二、前裸子植物门(Progymnospermophyta)

前裸子植物是一类已绝灭的维管植物化石类群，具有蕨类和裸子植物过渡类型特征，其茎干次生木质部具有裸子植物解剖结构特征，管胞壁上有成组的圆形具缘纹孔。植物体为乔木或灌木，但其繁殖方式为蕨类植物型，有孢子囊，同孢或异孢。

前裸子植物被视为蕨类植物与裸子植物之间的过渡类群，多数学者认为其是裸子植物的祖先类型而将其置于裸子植物中。前裸子植物化石仅发现于泥盆纪至早石炭世早期地层中。

三、种子蕨植物门(Pteridospermophyta)

1. 种子蕨植物一般特征

种子蕨植物门是裸子植物中较原始的一类，与真蕨极为相似，常见化石为大型羽状复叶，不同的是种子蕨的生殖叶上长有种子，其茎部次生木质部和叶部的气孔结构等特点与裸子植物类似，种子蕨常有间小羽片。如果叶片与种子分离，茎、叶的微细结构未保存，则很难区别种子蕨叶片与真蕨叶片，所以常给予形态属名。

2. 种子蕨植物分类及代表化石

种子蕨和真蕨叶形十分类似,统称为蕨形叶(fernlike foliage)。由于化石保存的原因,古生代地层中很多蕨形叶化石缺乏生殖器官,无法确定其自然分类位置,因此常采用形态分类,即依据蕨形叶的形状、脉序形式、小叶与轴的关系等特征建立形态分类及形态属(表8-1,图8-18)。常见化石代表有 *Neuropteris*(脉羊齿)、*Glossopteris*(舌羊齿)、*Gigantonoclea*(单网羊齿)、*Gigantopteris*(大羽羊齿)等。

表8-1 古生代及中生代蕨形叶形态分类

形态分类	特 征	代表属	时代及自然类别
三裂羊齿类(triphyllopterids)	小羽片基部收缩,扇状脉	准楔羊齿(*Cardiopteridium*),三裂羊齿(*Triphyllopteris*)	D_3~P,以 C_1 最盛,种子蕨
楔羊齿类(sphenopterids)	小羽片一般小,边缘分裂,基部收缩,羽状脉纤弱	楔羊齿(*Sphemopteris*),针羊齿(*Rhodeopteridium*)	D_3~Mz,C~P 最盛,种子蕨,真蕨
栉羊齿类(pecopterids)	小羽片两边平行,顶端钝圆,基部全部附着于羽轴,羽状脉,少数不裂成小羽片	栉羊齿(*Pecopteris*),束羊齿(*Fascipteris*),枝脉蕨(*Cladophlebis*)	C~P,Mz,绝大部分为真蕨,少数属种子蕨
脉羊齿类(neuropterids)	小羽片基部收缩成心形,以一点附着于轴,羽状脉,单网脉,中脉不达顶端	脉羊齿(*Neuropteris*),网羊齿(*Linopteris*)	C_1~P_2,C_2最盛,种子蕨门髓木目
		羽羊齿(*Neuropteridium*)	P_1~T_1
座延羊齿类(alethopterids)	小羽片形状似栉羊齿,但基部多少下延,有邻脉、羽状脉或单网脉	座延羊齿(*Alethopteris*),矛羊齿(*Lonchopteris*)	C_2~P_1,种子蕨门髓木目,真蕨
齿羊齿类(odontopterids)	小羽片基于下延,全缘或具裂齿,扇状脉,叶轴二歧分叉	齿羊齿(*Odomtopteris*)	C_2~P,可能为种子蕨
美羊齿类(callipterids)	小羽片为栉羊齿形、楔羊齿形或座延羊齿形,具间小羽片,羽状脉或单网脉	美羊齿(*Callipteris*),准美羊齿(*Callipteridium*),准织羊齿(*Emplectopteridium*)	C_2~P,P_1最盛,种子蕨
畸羊齿类(mariopterids)	叶轴常二歧分叉,羽片基部下行的小羽片成两瓣状。小羽片形态变化大,呈栉羊齿形、楔羊齿形等	畸羊齿(*Mariopteris*)	C_2~P,C_2最盛,种子蕨
大羽羊齿类(gigantopterids)	叶或小羽片大,第三次或第四次脉结成单网或重网,少数羽状脉	织羊齿(*Emplectopteris*),单网羊齿(*Gigantonoclea*),大羽羊齿(*Gigantopteris*),华夏羊齿(*Cathaysiopteris*)	P~T_1,P 最盛,可能为种子蕨
带羊齿类(taeniopterids)	单叶,少数一次羽状,带形,中脉粗,侧脉与中脉夹角大	带羊齿(*Taeniopteris*),斜羽叶(*Lesleya*)	P~K,种子蕨或苏铁
舌羊齿类(glosspoterids)	单叶,具中脉或无,侧脉结成简单网	舌羊齿(*Glossopteris*),恒河羊齿(*Gangamopteris*)	P 最盛,延至 T,J?,种子蕨

Neuropteris(脉羊齿),奇数或偶数羽状复叶,小羽片呈舌形、镰刀形等,基部收缩成心形,以一点附着于羽轴,全缘,顶端尖或钝圆,羽状脉,中脉明显,伸至小羽片全长的1/2或2/3处就消散,侧脉以狭角分出,多次分叉向外弯。发育于早石炭世晚期至早二叠世,以中、晚石炭世为最盛。

图 8-18 蕨形叶类型

1—扇羊齿；2—准楔羊齿；3—针羊齿；4—楔羊齿；5—栉羊齿；6—脉羊齿；7—畸羊齿；
8—座延羊齿；9—齿羊齿；10—美羊齿；11—单网羊齿；12—带羊齿；13—舌羊齿

Gigantonoclea（单网羊齿），羽状复叶或单叶。小羽片（或叶）大，呈披针形、长椭圆形或卵形，全缘、波状或齿状。中脉较粗，侧脉分为 1~3 级，细脉二歧分叉结成简单网，网眼呈长或短多角形，具有伴网眼。发育于早二叠世晚期至晚二叠世，个别残存至早三叠世早期。

Linopteris（网羊齿），特征与脉羊齿相似，区别为侧脉分叉多次联结成简单网状。发育于晚石炭世至早二叠世。

Emplectopteris（织羊齿），主叶柄二歧分枝，然后两次羽状分裂。小羽片呈三角形，末次羽片基部下行，第一小羽片变形下延似间小羽片。中脉较细，侧脉二歧分叉结成简单网脉。发育于早二叠世。

Gigantopteris（大羽羊齿），大型单叶，呈倒卵形、歪心形、纺锤形或长椭圆形。边缘全缘、波状或齿状。叶脉有 4 级。中脉粗，侧脉 1~3 级，3 级侧脉联结成大网眼，并分出细脉，细脉结成小网眼，呈重网状。发育于晚二叠世。

Taeniopteris（带羊齿），单叶或单羽状复叶，叶呈带形至披针形，全缘或具细齿，顶端钝或尖，基部收缩。中脉较粗，侧脉常分叉。发育于晚石炭世至白垩纪。

3. 种子蕨植物地史分布及生态类型

种子蕨植物始现于晚泥盆世，石炭纪至早二叠世极盛，晚二叠世衰退，少数延续至中生代以后。种子蕨植物生态类型多种多样，大多数是灌木状藤本或藤本植物，具细长的茎和大的羽状复叶或单叶，有的具高而少分枝的茎和大型羽状复叶。古生代和中生代的舌羊齿具粗壮主茎和大型单叶。

四、苏铁植物门(Cycadophyta)

1. 苏铁植物一般特征

现生苏铁植物多为矮粗的常绿木本植物，化石苏铁的茎较细，茎通常不分枝或很少分枝，茎干为球状、块状或圆柱状。茎顶端丛生大型的单羽状复叶或单叶。苏铁植物多具有平行脉、放射脉，少数具有网脉、单脉(图8-19)。叶表面角质层厚，气孔下陷。生殖器官集成球花位于茎顶。茎内皮层和髓部发育，次生木质部很薄，与种子蕨相似。

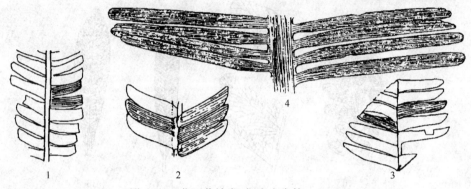

图8-19　化石苏铁类(据童金南等，2007)
1，4—*Pterophyllum*；2，3—*Ptlophyllum*

2. 苏铁植物分类及代表化石

苏铁植物在地层中经常见到的大多是叶的印痕化石，单凭叶的外部形态，不易进行自然分类，因而也是常常根据叶的形态先建立形态属，再根据表皮细胞结构归入自然分类的类群。苏铁植物依据生殖器官和叶的解剖特征可分为苏铁纲(Cycadopsida)和本内苏铁纲(Bennettiopsida)。化石代表有*Pterophyllum*(侧羽叶)、*Nilssonia*(尼尔桑)等(图8-19)。

Pterophyllum(侧羽叶)，叶呈单羽状。裂片基部全部附着于羽轴的两侧，呈线形、扇针形或舌形，两侧边平行。平行脉，分叉1~3次。发育于晚石炭世至早白垩世，晚三叠世至侏罗纪最盛。

Nilssonia(尼尔桑)，羽叶全缘或单羽状分裂成裂片，叶膜或裂片着生于羽轴腹面，简单平行脉。发育于晚三叠世至早白垩世。

Anomozamites(异羽叶)，叶呈羽状，分裂成不规则的短而宽的裂片，裂片以整个基部附着于羽轴两侧，基部微扩大，叶脉简单或分叉。发育于晚三叠世至白垩纪。

Ptilophyllum(毛羽叶)，叶呈单羽状。裂片呈线形，基部全部着生于羽轴腹面，裂片基部上边收缩成圆形，下边略向下延。上面裂片常部分覆盖下面裂片。叶脉平行或呈放射状。发育于晚三叠世至白垩纪。

Otozamites(耳羽叶)，叶呈单羽状，裂片呈圆形、宽卵形或披针形，基部收缩成耳状。裂片互生，上下裂片相互叠覆，放射脉。发育于晚三叠世至早白垩世。

3. 苏铁植物地史分布及生活型

苏铁类植物始现于晚石炭世，晚三叠世至早白垩世繁盛，遍及全球。现代苏铁类仅存少数属种分布于热带及亚热带地区。

五、银杏植物门(Ginkgophyta)

1. 银杏植物一般特征

银杏植物为高大落叶乔木，可高达30m以上，直径最大可达3~4m以上，单轴式分枝，有长、短枝之分。长枝上呈稀螺旋状着生单叶，短枝上叶呈密螺旋状排列，形成簇状。单叶具长柄，呈扇形、肾形至宽楔形，叶顶中央有一浅裂缺。叶自基部伸出两条脉，然后均匀地多次二歧式分叉形成扇状脉，生殖器官为单性球花。

银杏类通常雌雄异株，繁殖器官成单性的球花(孢子叶球)，雌球花上通常只有一个发育成熟的种子。

可靠的银杏化石始现于二叠纪，侏罗纪、早白垩世极盛，几乎遍及全球。化石银杏叶多数为二歧式分裂，有的叶无柄为线形或舌形。

2. 银杏植物分类及代表化石

现代银杏为单种属的孑遗植物，银杏植物的分类主要依据化石植物，一些学者认为分为两个目：银杏目(Ginkgoales)和茨康目(Czekanowskiales)。常见银杏植物类化石代表有 *Ginkgoites*(似银杏)、*Baiera*(拜拉)、*Phoenicopsis*(拟刺葵)等(图8-20)。

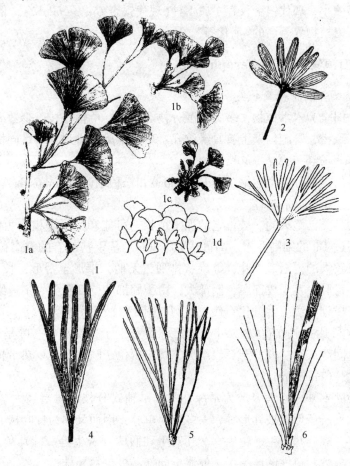

图8-20　银杏植物(据周云龙等，1999)

1—*Ginkgo* biloba；2—*Ginkgoites*；3—*Baiera*；4—*Sphenobaiera*；5—*Czekanowskia*；6—*Phoenicopsis*

Ginkgoites（emend. Florin，1936）（似银杏），叶形与现代银杏相近。具长柄，扇形、肾形或楔形。扇状脉。叶常二歧式分裂 2~8 个或更多个的最后裂片，每个裂片内有平行脉 4~6 条或更多。叶表皮细胞结构与现代银杏有差别。发育于早二叠世至晚第二纪，以侏罗纪至早白垩世为最盛。

Phoenicopsis（拟刺葵），叶线形，无柄，不分裂，常 6~20 枚簇生于短枝上。短枝外面包着鳞片状小叶。叶一般长 10~20cm，宽 4~10mm，平行脉，偶有分叉。发育于晚三叠世至晚白垩世。

Baiera（拜拉），叶形与似银杏相似，但叶片深裂为狭窄的线形或近于线形的裂片，裂片所含的平行状叶脉不超过 4 条。发育于三叠纪至白垩纪。

Czekanowskia（茨康叶），叶细长，无柄，簇生于短枝上。细裂片顶端尖，每个最后裂片中有一条叶脉。发育于晚三叠世至早白垩世。

3. 银杏植物地史分布及生活型

银杏植物始现于晚古生代，较可靠的化石记录始于二叠纪，中生代银杏类型多样，尤其是侏罗纪和早白垩世达到极盛阶段，分布广，几乎遍及全球。早白垩世晚期突然衰退，新近纪地理分布已缩小，现代银杏仅存 1 属 1 种（现代银杏 *Ginkgo biloba*），俗称白果树。分布于我国和日本，为植物界著名的"活化石"。

六、松柏植物门（Coniferophyta）

1. 松柏植物一般特征及分类

松柏植物门全为木本植物，多为高度分枝的乔木，单轴分枝，少数灌木。次生木质部中薄壁细胞少，致密，管胞内壁上有具缘纹孔。单叶螺旋状排列，雌雄同株或异株。

2. 松柏植物分类及代表化石

松柏植物门一般分为科达纲（Cordaitopsida）和松柏纲（Coniferopsida）。

1）科达纲（Cordaitopsida）

科达类为一类已绝灭的、较古老的裸子植物，可能和种子蕨植物由同一祖先演化而来。多为直径不超过 1m 的细高乔木，高可达 20~30m。茎干基部有的有高位支持根。树干上部多分枝，组成较大的树冠。单叶，螺旋状排列，无柄，带形至舌形，长者可达 1m，短者几厘米，常具平行脉。茎干皮部厚，髓部大，由于髓部薄壁细胞分裂不连续，保存为髓模化石时其表面具有横列粗纹。常见化石代表属例如图 8-21 所示。

Cordaites（科达），细高乔木，叶子密集螺旋着生于顶端小枝。叶呈带形，全缘，无柄，平行脉，具脉间纹或否。发育于石炭纪至二叠纪，位于欧美及华夏热带植物地理区。

2）松柏纲（Coniferopsida）

除少数为灌木外，绝大多数为常绿乔木，单轴式分枝，树冠高大。叶小型，常呈鳞片形、锥形、针形、条形或披针形等，大多数为单脉，因而又称为针叶树。叶在枝上排列方式多样，有簇生、螺旋状着生、轮生、交互对生和假两列着生等。叶片角质层厚，气孔下陷。生殖器官绝大多数为单性的球花，一般雌雄同株，极少数异株。

Ullmannia（鳞杉，又称乌尔曼杉），乔木，小枝排列不规则，叶呈卵形、短披针形或披针形，基部宽而下延。单脉，叶表面具细纵纹，呈覆瓦螺旋状排列。发育于晚二叠世，分布

图8-21　松柏类植物化石代表

1—*Cordaites*；2—*Ullmannia*；3—*Podozamites*；4—*Elatocladus*

于欧洲、亚洲。

Podozamites(苏铁杉)，枝轴细，叶稀螺旋状着生，呈假两列状，为椭圆形、披针形或线形。叶脉细，平行叶边缘至顶端常聚缩。可能与此属有关的生殖器官化石为准苏铁果(Cycadocarpidium)，披针形的苞片下有两枚种子，是晚三叠世的标准化石，发育于北半球晚三叠世至早白垩世。

Brachyphyllum(短叶杉)，枝互生，位于同一平面上。叶呈鳞片状，质厚，宽而短，顶端分离部分长度小于叶基座，螺旋状排列，紧贴枝轴，叶脉不明。发育于二叠纪至白垩纪，侏罗纪至早白垩世繁盛。

Elatocladus(枞型枝)，叶螺旋状或假二列状排列，单脉，呈披针形，基部下延。发育于晚三叠世至早白垩世。

3. 松柏植物地史分布及生态

科达纲始现于晚泥盆世，晚石炭世至早二叠世繁盛，个别残存至三叠纪。

松柏纲始现于晚石炭世，中生代繁盛，新生代仍是裸子植物中最多的类群，现存松柏类植物广布于不同纬度和不同海拔高度的平原、山区，常形成大片针叶林。水杉、水松、台湾杉都是仅存于我国的活化石。

七、买麻藤植物门(Gnetophyta)

买麻藤植物为裸子植物中最进化的类群，灌木或木质藤本类，少数为乔木或草本状小灌木。次生木质部常具有导管，也对生或轮生，叶片呈细小膜质鞘状、扁平状或肉质带状。雌雄异株或同株。孢子叶球单性，具类似于花被的盖被，种子包于盖被内。

买麻藤植物化石最早出现于侏罗纪，常见化石有 *Ephedrites*(似麻黄)。现生买麻藤植物共有3属约80余种。

第五节　被子植物

一、被子植物基本特征

被子植物门是植物界中结构最完善，进化水平最高级的一类具有复杂繁殖器官的种子植物，因种子有果实包被而得名，其生殖器官具有明显的花朵，所以也称显花植物或有花植物（flowering plants）。被子植物的花由花柄、花托、花被、雄蕊群和雌蕊群 5 部分组成（图 8-22）。被子植物有乔木、灌木、藤本、草本，陆生，水生或寄生。输导系统发育，木质部由多细胞导管组成，韧皮部由多细胞筛管组成。单叶或复叶，形态多种多样，为羽状脉或平行脉，细脉都结成网状，主脉羽状或弧形，细脉结成网状。

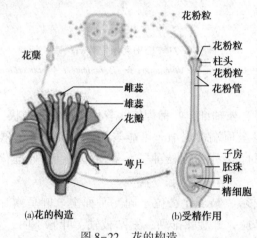

图 8-22　花的构造

二、被子植物分类

被子植物的分类与现生被子植物分类一致。根据种子内胚的子叶数目可分为双子叶纲（Dicotyledones）和单子叶纲（Monocotyledones ）两个纲。双子叶植物中乔木、灌木和草本均有，叶的形状多种多样，有单叶和各种类型的复叶。叶的轮廓、边缘缺裂，顶端和基部的形态类型比蕨类植物和裸子植物复杂得多。其叶脉结构类型多样，叶脉多为复杂的网状，是鉴别叶子的主要特征。单子叶植物多为草本，叶脉平行或呈弧形，少数呈羽状。

被子植物始现于早白垩世，新生代极度繁盛。被子植物各器官常分散保存在地层中，常为叶、花、果实、种子和木材化石，其中叶化石最为常见。单子叶植物的花序、果实和种子也常常保存为化石。

第六节　植物界的演化

植物界的演化遵循由水生到陆生、由低级到高级、由简单到复杂的规律。植物界的演化可分为 4 个主要阶段。

一、早期维管植物阶段

志留纪末至中泥盆世，裸蕨占主导地位。早古生代末期的地壳运动使许多地区发生海退，迫使植物由水域扩展到陆地。晚志留世第一批陆生植物——裸蕨出现，它使光秃的大地第一次披上绿装。由于它只有简单的维管束，所以只能生活于滨海沼泽或暖湿低地。陆地环境的复杂多变，促使裸蕨进一步分化，又演化出石松、节蕨、真蕨，而裸蕨则于泥盆纪末期绝灭。

二、蕨类和古老的裸子植物阶段

晚泥盆世至早二叠世，石松、节蕨、真蕨、前裸子植物及古老的裸子植物种子蕨和科达占植物界的主导地位。它们都有根、茎、叶的分化，输导系统进一步发育，真蕨和种子蕨的大型叶扩大了光合作用面积，裸子植物的繁殖过程脱离了对水的依赖。它们在早石炭世形成小片滨海沼泽森林，占生代植物群的面貌基本形成。晚石炭世至早二叠世，古生代植物群极盛，形成广阔的森林，成为石炭、二叠纪重要的成煤物质。

由于长期适应不同的气候地理条件，自晚石炭世中期开始，逐渐形成了不同的植物地理区，二叠纪各区都有独特的标志植物和生态类型。

三、裸子植物阶段

晚二叠世至早白垩世，以裸子植物中的苏铁、银杏、松柏类和中生代型的真蕨类为主，其中，晚二叠世至早、中三叠世，多数地区气候干旱，中生代型植物开始发展；晚三叠世至早白垩世，中生代植物群极盛，为中生代的重要成煤物质，此时北半球又分化为不同的植物地理区。

四、被子植物阶段

晚白垩世至现代，被子植物以其对环境的高度适应，迅速占据植物界的主导地位，成为新生代重要的成煤物质。更新世冰期以后植物界面貌与现在相似。

【关键术语】

苔藓植物；蕨类植物；裸子植物；被子植物；维管植物。

【思 考 题】

1. 简述植物的一般特征。
2. 简述植物界的分类体系。
3. 植物的叶序和脉序有哪些基本类型？
4. 植物化石保存特点是什么？
5. 简述原蕨植物的进化意义。
6. 简述石松植物鳞木类叶座的结构。
7. 简述前裸子植物与种子蕨植物的特点以及在植物演化中的意义。
8. 简述裸子植物各门的主要特点。
9. 简述植物演化的主要阶段及各阶段特点，如何利用植物化石分析古环境？
10. 简述被子植物的起源。

第九章　微体古生物学（Micropalaeontology）

【本章核心知识点】

本章主要介绍微体古生物基本概念、分类及主要类群的主要特征及其应用。

（1）微体化石是指保存在地质历史时期岩层中肉眼不能直接识别的微小生物遗体和生命活动的痕迹，必须用显微镜、电子显微镜或其他有机化学分析仪器进行观察和研究。

（2）微体化石包含众多类群，常见的类群主要为有孔虫、放射虫、藻类、介形虫、牙形石、孢子花粉等。

第一节　微体化石概述

一、微体化石定义

微体化石（microfossils）是各地质历史时期岩层中保存的，肉眼不能直接识别的微小古生物化石，必须用显微镜、电子显微镜或其他有机化学分析仪器进行观察和研究。

微体化石由于个体小、数量多、分布广等特点，比大化石应用范围更为广泛，特别是石油、煤田等勘探中的钻井岩心或钻井岩屑不能提供保存完好的大化石，但从中可获取丰富的微体化石，因此，微体化石研究在能源勘探与开发中尤为重要。

二、微体化石分类

微体化石以单细胞的低等生物占优势，也包括某些高等生物的组织和器官，以及某些分类位置不明的生物，它们一般按化石的本质、化石大小和化学成分划分为不同类群。

就本质而言，与大化石一样，微体化石也包括微小遗体化石和微小遗迹化石两类。其中微小遗体化石指微小古生物的本体或古生物身体的微小部分，包括 3 种类型：（1）微小古生物的完整个体，包括单体生物和群体生物，前者如有孔虫、介形虫、硅藻等，后者如苔藓虫、层孔虫。（2）大个体古生物中的侏儒类型，一些属于大个体生物门类中少量需要在显微镜下观察研究的微小类群，如微小的双壳类、腹足类等。（3）与古生物本体分开保存的古生物微小器官或者身体的某些微小部分，如植物的孢子花粉、环节动物的颚器、海参的骨片等。微小遗迹化石是微小古生物生活活动留下的痕迹或排泄物，如微潜穴、微钻孔、微爬迹、微粪粒等。

按化石大小，微体化石可划分为微化石和超微化石两类：（1）微化石（microfossil），度量以毫米为单位，采用常规光学显微镜（如双目实体显微镜、透射式生物显微镜）就可以进行观察研究；（2）超微化石（nannofossil），量度以微米为单位，必须采用电子显微镜进行观察研究。

按化学成分，微体化石分为 4 类：（1）钙质微体化石，成分为碳酸钙或以碳酸钙为主，含有一定比例的碳酸镁，少数类别以碳酸镁为主。碳酸钙常结晶为方解石，碳酸镁常结晶为霰石。（2）硅质微体化石，成分为二氧化硅，在多数类别中形成蛋白石。（3）磷质微体化石，成分为磷酸钙，一般结晶为磷灰石。（4）有机质微体化石，成分为复杂的植物质或几丁质，常常因为在化石化过程中，其中容易挥发的组分逸散，使原有的碳氢比例改变或仅仅保留了碳元素，形成了碳质化石。

微体化石包含众多类群，常见的类群包括有孔虫、放射虫、藻类、介形虫、牙形石、孢子花粉等（表 9-1）。

表 9-1　微体化石主要类群及地质年代分布

地质年代	有机质						磷质	硅质				钙质						
	孢子花粉	叶肢介	疑源类	塔斯曼藻类	几丁虫	甲藻	牙形石	放射虫	硅藻	硅鞭藻	爱伯藻	钙藻	介形虫	有孔虫	钙质超微化石	苔藓虫	翼足类	小罐虫
R																		
Tr																		
K																		
J																		
T																		
P																		
C																		
D																		
S																		
O																		
€																		
Pt																		

第二节　有孔虫（Foraminiferida）

一、概述

有孔虫是一种原始的具壳和伪足的微小单细胞原生生物，属于原生生物界肉足虫纲。有孔虫由一团原生质构成，细胞质有内质和外质之分，内质在壳内，颜色较深，外质薄而透明，可分泌外壳。壳径一般 0.02~110mm，多小于 10mm，壳上有许多开口或小孔，故名有孔虫。

有孔虫有两种生殖方式，无性生殖和有性生殖交替进行，这种现象叫世代交替（图 9-1）。无性生殖为简单的复分裂，叫裂配生殖。成熟的裂殖体分裂产生许多无性胚胎母体，每个无性胚胎发育成一个配子母体，成熟的配子母体产生许多带鞭毛的配子，两个配子接合形成合子，为有性生殖。合子又发育为裂殖体，裂殖体成熟后再进行无性生殖。这种世代交替现象反映在壳上为无性生殖，产生的配子母体世代的壳的初房较大，叫显球型壳；有性生殖产生的裂殖体世代的壳的初房较小，叫微球形壳。这就是有孔虫壳的双型现象，在鉴定时要特别注意。

现代有孔虫绝大多数是海生生物，极少数属种生活于泻湖、河口等半咸水区域，仅假几丁质壳的瓶形虫超科(Lagynacea)的个别属种发现于淡水。大多数有孔虫营底栖生活，少数在海面浮游。底栖有孔虫多在浅海海底或海藻上缓慢移动，少数固着生长，从大陆架到4000余米的深洋中都有分布。浮游有孔虫死后，其壳沉落海底甚至在洋底形成抱球虫软泥。

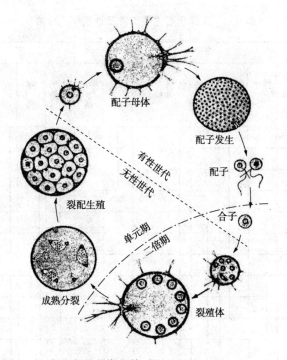

图9-1　有孔虫的世代交替(据 Loeblich et Tappan，1978)

二、有孔虫壳的形态及构造

有孔虫壳是由房室构成的，最简单的有孔虫只有一个空腔，称为房室，房室的顶端有一个圆形的开口，称为口孔(壳口)。大多数有孔虫的壳是由若干房室构成的，其中最早形成的房室称为初房，最后一个房室称终室，其顶端的开口就是口孔。分隔房室的壳壁称为隔壁，隔壁与壳壁的相交线称为缝合线(图9-2)。

1. 壳室排列及壳形

有孔虫有单室壳、双室壳和多室壳。单室壳是由一个壳室(房室)构成的壳，具有一个或多个口孔，壳形有球形、梨形、半球形、直管形等。双室壳是由一个球形的初房和一个管状壳室组成的壳，壳形为圆盘形、反"之"字形等。多房室壳，壳形复杂多样(图9-3)。

列式壳：房室沿一直线或弧线排列成单行的为单列式壳；排成双行的称为双列式壳；排成三行的称为三列式壳。

平旋式壳：房室在同一平面上环绕初房生长，每绕一圈即构成一个壳圈。平旋壳两侧对称，多呈盘形或凸镜形，后生壳圈往往从两侧包裹先生的壳圈，由于包裹程度不同又有露旋壳和包旋壳之分。

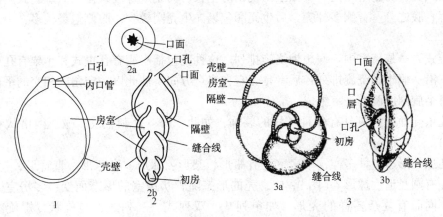

图 9-2　有孔虫壳的基本构造（2，3 为多房室壳）

（据何心一等，1993）

1—单房室壳的纵切面；2—单列式壳（2a—顶视；2b—壳体纵切面）；3—螺旋式壳（3a—壳体部分切面侧视；3b—壳缘视）

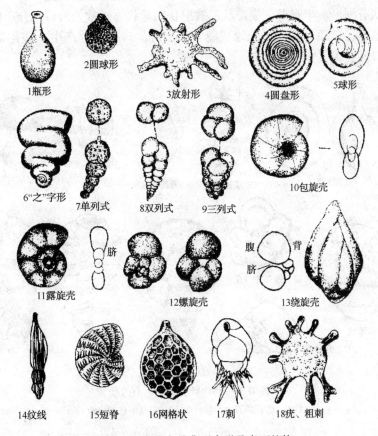

图 9-3　有孔虫的典型壳形及壳面纹饰

（据杨遵仪、郝诒纯，1980，有改动）

1~3—单房室壳；4~6—双房室壳；7~13—多房室壳；14~18—示壳面纹饰

螺旋式壳：房室不在同一平面上围绕初房生长，而是成螺旋式排列。螺旋式壳两侧不对称，有背、腹之分。背侧多外突，后生壳圈包裹先生壳圈较少；腹侧包裹较多，中央多下凹成脐。

绕旋式壳：是房室围一假想轴绕施排列。这种壳包括小滴有孔虫式和小粟有孔虫式，前者是壳室沿一假想轴绕旋排列；后者是壳室在多个方向、彼此以一定角度相交的平面上绕旋排列，每个旋圈由两个壳室组成。

有孔虫壳面光滑或具有各种各样的装饰，如肋、脊、棘刺、纹、皱、网格状和小瘤等（图9-3）。

有孔虫的形态多种多样，单房室壳有瓶形、梨形、球形、半球形、直管形、树枝形等；双房室壳有圆盘形、球形等（图9-4），壳的形态随管状房室的形态而变；多房室壳由于排列方式不同而有复杂多样的壳形，如单列式、双列式、三列式、包旋状、螺旋状、绕旋式等。

口孔是壳面向外的开口。有与壳室同时形成的原生口孔，常见的单口孔有圆形、裂隙状、放射状、新月状和扣眼状等；复口孔有筛状和列状等。除原生口孔外，还有一些沟通壳内外辅助通道的次生口孔。口孔的形状和位置多样，为分类的主要依据（图9-4）。

口孔的形状有圆形、半圆形、裂隙状、放射状、筛状等。常见的口孔分布位置有位于壳体末端、口面基部、口面、脐部、壳缘或缝合线上等。口孔附近产生一些构造使之更加复杂，如唇、瓶口唇、齿等。

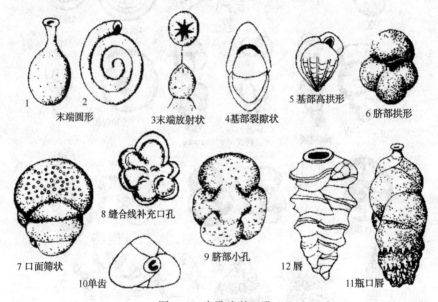

图 9-4　有孔虫的口孔
（据杨遵仪、郝诒纯，1980，有改动）
1~8—口孔位置及形状；9~12—口孔附件的构造

2. 壳质

有孔虫的壳质成分主要有 3 类：(1) 假几丁质壳。壳质薄而脆，是含蛋白质的有机质，类似几丁质，柔软而致密，不易保存为化石。某些较原始的单房室有孔虫如网足虫（*Allogromia*）具有这种壳。(2) 胶结壳。由有孔虫的自身分泌物胶结外来颗粒形成。有孔虫分泌的胶结物大多为有机质，其次为碳酸钙、氢氧化铁及少量含水二氧化硅。（3）钙质壳。绝大多数有孔虫具钙质壳，系由有孔虫细胞质分泌的低镁或高镁碳酸钙组成，通常结晶为方解石，有时也结晶成文石。

3. 壳壁的微细构造

对有孔虫壳壁微细构造的观察和研究可揭示它们的生长具有一定的规律。有孔虫的壳壁有分层和不分层两种类型。胶结壳、钙质微粒壳和似瓷质壳一般属于不分层壳壁，即每一个房室的壳单独生长，后生长的房室在其形成过程中对早期房室的壳面无包裹、超覆等现象。钙质透明壳有孔虫的壳壁往往是由多个壳层组成的，每生长一个房室就在以前生成的整个壳面增加一个壳层，因此，早期房室壳壁的厚度要大于后期房室，在切片中可见明显的分层现象。

二、有孔虫分类及化石代表

依据壳体成分及其结构、口孔特征、房室多少及排列方式和形状，有孔虫可分为6个亚目：奇杆虫亚目（Allogromiida），串珠虫亚目（Textulariida），内卷虫亚目（Endothyriida），䗴亚目（Fusulinida），小粟虫亚目（Miliolida），轮虫亚目（Rotaliida）（表9-2）。其中除䗴亚目外，其余5个亚目统称为非䗴有孔虫，常见化石属例如图9-5所示。

（1）奇杆虫亚目：壳为假几丁质，单房室。发育于晚寒武世至现代，化石少。

（2）串珠虫亚目：胶结壳，粒状结构，单房室至多房室。发育于寒武纪至现代。

（3）内卷虫亚目：钙质微粒壳，单房室至多房室。发育于奥陶纪至三叠纪。

（4）小粟虫亚目：钙质微粒无孔壳（似瓷质），单房室至多房室。发育于石炭纪至现代。

（5）轮虫亚目：钙质透明多孔壳，具放射状或微粒结构，单房室或多房室。发育于晚石炭世至现代，中、新生代繁盛。

表9-2　有孔虫亚纲各目特征及地史分布

亚　目	壳质	壳壁微细构造及分层性	其他特征	时　代
奇杆虫亚目（Allogromiida）	假几丁质	薄膜状，不分层	壳为圆形或圆柱形，壳脆，不易保存化石	$\mathcal{E}_3$～Rec.
串珠虫亚目（Textulariida）	胶结壳	粒状、纤维状，有时有微管或迷宫式构造，不分层	单壳室和双壳室，壳为球形、管状或旋卷状，口孔简单；多壳室，单列式、双列式，单口孔或复口孔	$\mathcal{E}$～Rec.
内卷虫亚目（Endothyriida）	钙质	微粒状，不分层或分两层	隔壁不褶皱，无旋脊，口孔简单。	O～C
䗴亚目（Fusulinida）		微粒状，壳壁分层	隔壁平直或褶皱，具旋脊或拟旋脊	C～P
小粟虫亚目（Miliolida）		无孔似瓷质，不分层	单口孔或筛状口孔	C～Rec.
轮虫亚目（Rotaliida）		透明微孔或微粒状，壳壁多分层	根据生活方式以及壳壁成分、微细构造分层性、壳室排列、口孔等特征，可分为许多超科	C_2～Rec.

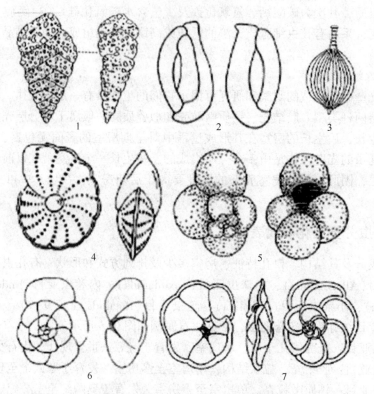

图9-5 非蜓有孔虫化石代表属例

1—*Textularia*；2—*Quiqueloculina*；3—*Lagena*；4—*Elphidium*；5—*Globigerina*；6—*Ammonia*；7—*Globorotalia*

  Textularia（串珠虫），壳狭长，楔形，横断面扁圆至卵形。胶结多房室壳，螺旋双列式，房室排列紧密，基部口孔呈新月形。发育于侏罗纪至现代。

  Globigerina（抱球虫），壳为低螺旋式，房室呈球形、卵形。具钙质透明壳，壳面光滑或具小坑、网纹。发育于古近纪至现代。

  Quiqueloculina（五玦虫），壳近椭圆形，规则绕旋壳，房室呈五玦虫式排列，每个旋圈由两个房室组成，外部旋圈包裹内部旋圈，多室面可见4个房室。发育于侏罗纪至现代。

  Nummulite（货币虫），壳呈透镜形或长圆形，平旋包旋，房室多，结构简单。发育于古近纪至新近纪。

  Lagena（瓶虫），单室，呈瓶状，壳口在末端，圆形。发育于侏罗纪至现代。

  Elphidium（希望虫），平旋内卷，透镜状，房室多，缝合线具一列壁间桥和小凹坑。发育于古近纪至现代。

  Ammonia（卷转虫），低螺旋，呈双凸形，房室多，3~4圈，腹面缝合线近脐部处开裂，脐部常开放，可具脐塞或粒状物，口位于末室基部。发育于三叠纪至现代。

  Globorotalia（圆辐虫），螺旋，双凸或背平腹微凹，壳缘具棱脊，壳口底弧形，位于基部，脐封闭。发育于古近纪至现代。

四、有孔虫生态和地史分布

  绝大多数有孔虫栖居在正常盐分的海洋中，少数在半咸水，极少数在淡水中。现代海洋中有丰富的有孔虫，多数营底栖生活，少数营浮游生活。底栖生活的有孔虫，多沿海底作缓慢爬行，少数固着海底。浮游有孔虫多在海水的上层浮游，少数有孔虫固着在藻类或其他漂浮的物体上营寄生漂浮生活。

环境因素与有孔虫的发生和发展有密切关系，有孔虫的分布很大程度上受物理因素、化学因素及生物因素的影响。浮游有孔虫的分布主要受水温、洋流和水深控制。高纬度冷水中有孔虫的个体小，低纬度暖水中的个体大，其种类向赤道方向逐渐增多。底栖有孔虫的分布主要受海水的含盐度、水底温度、水深和底质性质控制。有孔虫在正常盐度的浅海底种类最多，半咸水环境的底栖有孔虫属种单调。

有孔虫化石最早发现于寒武纪，石炭纪、二叠纪为古生代有孔虫的极盛时期，以䗴类和内卷虫类占绝对优势。中生代初期一度衰退，侏罗纪开始再次兴起，白垩纪极度繁盛，其程度大大超过了晚古生代后期。古近纪和新近纪是有孔虫发展史上的全盛时代，其中许多分子延续到现代。

第三节　放射虫（Radiolaria）

一、放射虫一般特征

放射虫是一类形体微小的海生浮游单细胞原生生物，属肉足虫纲（Sarcodina）放射虫亚纲（Radiolaria）。具放射排列的线状伪足（axopodium），细胞质内有一个几丁质的中心囊（central capsule），表面覆以角质膜，膜上有小孔，使囊内外的细胞质相互沟通（图9-6）。囊内有核，司营养和生殖；囊外细胞质常有许多脂肪粒和空泡以降低身体的密度，有利于动物的漂浮生活。

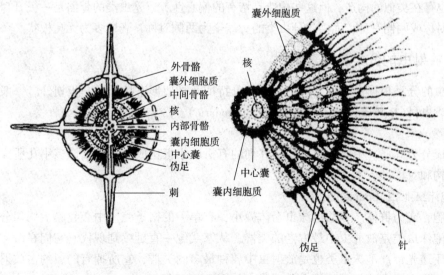

图9-6　放射虫的软体与硬体构造（据何心一等，1993）

二、放射虫骨骼形态与结构

放射虫个体微小，直径为0.1~2.5mm，群生集合体可大于15mm。放射虫的硬体是细胞质分泌的骨架，通常包藏在细胞质中。骨架化学成分因类而异，多为硅质或含有机质的硅质。现生放射虫的骨骼透明，各向同性，在透射光下呈玻璃状，少数为淡色。骨骼硬且脆，无弹性。形状多样，通常为球形、钟罩形等。

放射虫在海洋硅质循环中起着重要的作用。二氧化硅在海水中可被溶解，但受溶的程度随环境不同而有变化，与放射虫骨骼本身的结构也有一定的关系。在大洋 0～1000m 深度的贫硅水体中，溶解度较大。但溶解度并不随水深增加而增大，主要与水体中游离硅质的浓度有关。在海底火山活动时，常有硅质，加大海水中的硅质浓度。因此，一般认为火山活动有利于放射虫的生活和保存。溶解作用对于不同类群也有一定的选择性，骨骼纤细的种类更易溶解。在有机组分沉积速率较高的地方，放射虫骨骼较易保存，有机酸与骨骼表面的镁离子、铝离子等阳离子形成的络合物起着保护作用。

放射虫动物死亡后，其骨骼沉落于海洋底面。在水深大于碳酸盐补偿深度(4000～5000m)的地区，常可成为沉积物的主要组分。生物成因的硅质组分含量为 20%～30%，且主要为放射虫骨骼的极细粒沉积，称为放射虫软泥。

除骨针外，放射虫骨骼的壳壁结构有 3 种主要类型：(1)网格状。由小棒按一定几何模式在二维空间排列，形成小孔，并相连成网状。小孔常为六角形，孔缘硅质再沉积后，可呈圆形或不规则形状。一般来说，孔的大小和形状在一个种内是一致的，常作为种的鉴别特征。(2)海绵状。由细短的小棒在三维空间不规则地交错连接而成，常分辨不出清晰的孔形。(3)具孔板状。壳壁致密均质，其上有排列稀疏、大小不等的孔。

放射虫类骨骼的形态多样，随种类而异(图 9-7)。泡沫虫类骨骼最常见的形态为球形，放射状刺常从球体表面伸出。球形的骨骼常由两个或更多的相互套置的同心球壳构成，球壳之间由放射状的小梁相连。位于中心的球壳称髓壳，而位于外侧的球壳称皮壳，髓壳一般很小，且为放射虫所特有的骨髓。典型的古生代泡沫虫具有一个由放射小梁会聚构成的内针，在一些现生类型中也存在类似的构造，但这些构造具特有的偏心性。罩笼虫类的骨骼是一极开口的异极壳，呈轴对称或两侧对称；而阿尔拜虫类的骨骼全为两侧对称，壳壁多为无孔板状。

三、放射虫的分类及代表属例

放射虫的分类根据中心囊结构、硬体成分特征及骨架形态特征进一步划分。一般分为两个目：多囊虫目(Polycystina)和褐囊虫目(Phaeodaria)。

1. 多囊虫目

骨骼成分为硅质。中心囊膜由密集并列的有机质小板构成，小板被许多小孔所穿过。根据壳体结构和对称性，本目包括 3 个亚目。

1) 泡沫虫亚目(Spumellaria)

单细胞，或为群体。多数泡沫虫个体微小，有单一的格子壳。中心囊膜上均匀分布着许多小孔。泡沫虫类是放射虫中最古老的类群，从寒武纪一直延续到现代。它们在海洋中的分布通常限于透光带。泡沫虫类也是放射虫中属种最多的类群，它所拥有的属约占放射虫类总属的一半。发育于寒武纪至现代。化石代表如图 9-8 所示。

Hexastylus(六柱虫)，壳呈球形或亚球形，壳壁呈网格状，无髓壳发育，六根放射状骨针两两相对、互相垂直。骨针为圆柱状或三棱角锥状，大小相似。发育于侏罗纪至现代。

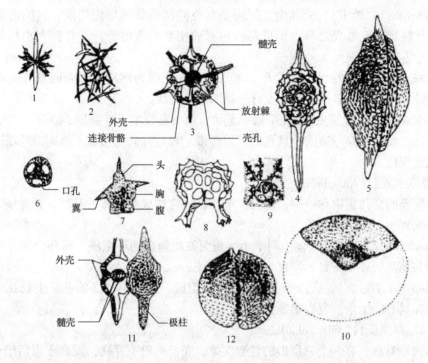

图 9-7 放射虫骨胳主要形态与结构类型(据童金南等，2007)

1—星形骨胳；2—分歧散在骨胳；3—球状壳；4—椭球状壳；5—盘状壳；6—近椭球状壳；

7—单轴异极壳；8—轮状壳；9—分歧有轴骨架；10—海绵状壳；11—球筒骨胳；12—二枚贝状壳

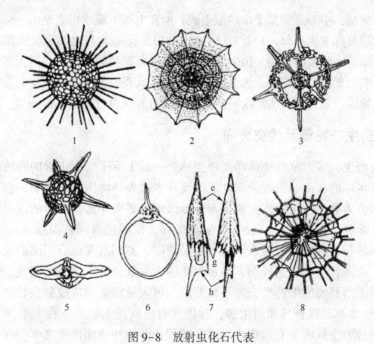

图 9-8 放射虫化石代表

1—*Acanthosphaera*；2—*Stylochlamydium*；3—*Hexacontium*；4—*Hexastylus*；

5—*Coronidium*；6—*Gamospyris*；7—*Albaillellaria*(e—外壳；f—口；g—口刺；

h—日格架)；8—*Gamospyris*

Hexacontium（六枪虫），壳体由3层同心套叠的网格状球形壳构成，其间由放射状柱相连，放射状柱延伸至外壳之外，形成两两相对的相互垂直的骨针。骨针大小相等，形状简单，发育于古近纪至现代。

Acanthosphaera（刺球虫），壳简单，常为球形。壳壁为网格状。壳面发育同形而简单的放射状骨针，骨针数量多于8根。发育于第四纪至现代。

Stylochlamydium（针膜虫），壳呈扁平盘状。中央室简单，外绕同心室环。盘缘具实心的放射状骨针。盘缘发育一薄的、具孔的赤道腰带，与骨针共同构成不规则的外缘形态。发育于古近纪至现代。

2）罩笼虫亚目（Nassellaria）

中心囊膜的穿孔集中在一端，成为一个孔板，它构成圆锥体的基部。壳异极，一般为两侧对称。发育于志留纪至现代。

Coronidium（结环虫），壳体由两个十字相交彼此垂直的环组成。两环公共基部有一水平基环，公共顶部的环不发育。发育于现代。

Gamospyris（小冠虫），壳由头、基足和顶角组成。两个不分叉的基足生长在一起形成一个环，顶部具有一个角。发育于现代。

3）阿尔拜虫亚目（Albaillellaria）

壳体两侧对称，有一个三角形的骨架支撑，壳壁一般不穿孔，发育于志留纪至二叠纪。

Albaillella（阿尔拜虫），壳体近圆锥形、两侧对称，由一个三角形骨架支撑，底部的横骨常露出壳外。壳壁一般不穿孔，外壳有时显示出横分节。发育于早石炭世至二叠纪。

2. 褐囊虫目

在透射光下观察，中心囊膜似乎由两层组成，但在电镜下显示出它是由一层稠密的有机质组成的，中心囊膜只有3个孔口：1个主口，2个副口。无藻类与之共生，但在主口侧面有褐色的色素颗粒富集。一些种的骨骼是由嵌入外质中的外来颗粒胶结而成，但大多数褐囊虫的骨骼是由掺和有机质的蛋白石组成的，为分散的刺到格子状壳。褐囊虫类常生存于2000m以下的深部水层。化石稀少。发育于白垩纪至现代。代表属有管球虫（*Cannosphaera*）。

四、放射虫生态特征及地史分布

放射虫全为海生，多为窄盐性远洋漂浮生物，一般生活于盐度正常的海域，放射虫的生存和分布受海洋水域的盐度、温度、深度、洋流和水团等环境因素的影响。它可生活于不同纬度的海域，但多为喜暖性生物，主要分布于低纬度温暖海洋远离海岸的远洋区，由赤道向两极迅速减少，尤其是赤道地区，放射虫丰富多彩。在现代海洋依温度不同已划分出极区带、近极带、亚热带、热带等典型表层放射虫动物群。不同水深也有不同的放射虫组合，暖水种多个体小、壳薄孔小、构造纤细；冷水种个体大、数量少、壳厚刺粗短、构造致密。

放射虫死后下落到海底的硅质壳体不易溶解，可大量富集形成放射虫软泥。据统计，世界海底面积的3.4%都被这种软泥所覆盖，现代放射虫软泥主要分布在太平洋和印度洋，大西洋未见真正的放射虫软泥。它们集中出现在碳酸盐溶解补偿面深度之下，在碳酸盐溶解补偿面深度之上，一些生物的硅质硬体被众多生物的钙质硬体所掩盖。而在此深度之下，一些生物的钙质硬体溶解殆尽，放射虫和浮游有孔虫及海生硅藻的硬体等一起堆积海底，构成硅质软泥，成为很好的深海沉积标志，为大洋海底划分和对比提供主要依据。放射虫可作水深、水温和水团性质的指示生物，此外，还可利用放射虫来分析洋流和碳酸钙补偿面的变化史。放射虫化石常保存在诸如燧石岩、石灰岩、硅质页岩、钙质页岩等高硅质岩石中。主要由放射虫残骸堆积起来的硅质岩石称为放射虫岩。

放射虫始见于寒武纪，泥盆纪后期至石炭纪繁盛，侏罗纪、白垩纪时，放射虫经历了一次大的辐射，其壳形趋于复杂化，出现了许多新类型，新生代时达到极盛。

第四节　藻类（Algae）

藻类是一种具有纤维素细胞壁的植物状原生生物，为单细胞或多细胞群体生物，具有叶绿素，能进行光合作用。分布于海洋和淡水各种生态区域，主要有两种生态习性，即浮游和底栖。

根据所含色素和形态特征，藻类可分为 10 个门，其中能够分泌或沉淀钙质的通称为钙藻，如底栖的绿藻、红藻、轮藻和浮游的颗石藻等。

一、绿藻门（Chlorophyta）

绿藻在现生藻类中是种类最多的一个门，藻体有单体、群体、丝状体、膜状体或管状体等多种类型。藻体一般呈鲜绿色。细胞壁的主要成分是纤维素，其色素与高等植物相同，一般认为高等植物由绿藻演化而来。现生绿藻浮游或固着底栖于各种水体之中，其中，90%生活于淡水环境。10%生活于海洋环境，能沉淀钙质的绿藻全部海生，并且主要分布于热带海域。绿藻始现于寒武纪，延续至今。

绿藻一般分为非骨架绿藻和骨架钙质绿藻两大类。在我国含油盆地白垩系至上新统中常见的绿藻化石为盘星藻。

盘星藻（*Pediastrum*），一般几十微米，由多个细胞沿一个平面排列成盘状，边缘细胞常有突起，呈星射状（图 9-9）。现生盘星藻常生活于水深小于 15m 的淡水中。

二、红藻门（Rhodophyta）

红藻多数为多细胞，少数为单细胞藻类。藻体较小，高约 10cm，少数大型藻体可达 1m，有简单的丝状体，也有形成假薄壁组织的叶状体或枝状体。红藻细胞壁分内、外两层，内层坚韧，由纤维素组成，外层为胶质层。有些红藻（如珊瑚藻）的细胞壁内能沉淀钙质，使壁坚硬粗糙。色素体中除含叶绿素类、胡萝卜素类和叶黄素类色素外，还含特有的藻红素与蓝藻素，致使藻体呈红色或紫色。红藻类除少数属种生活于淡水外，大多数生活于海水中。

红藻门中的珊瑚藻科全为固着生长的藻类，藻体形态有皮壳状、瘤块状和分枝状，内部构造由髓、皮层和生殖巢 3 部分组成，钙化的细胞组织是其最显著的特征。珊瑚藻类最早的代表见于侏罗纪，新生代晚期最繁盛。它们的地理分布广泛，从热带到两极，从潮间带壳延伸到 250m 水深，是热带和亚热带地区新生代的重要造礁生物。

三、轮藻门（Charophyta）

轮藻为多细胞水生藻类，藻体复杂，为绿色，有人将其归入绿藻门。轮藻有轮生的"茎"、"叶"和假根。轮藻的雌性生殖细胞藏卵器常保存为化石，藏卵器个体为 0.2 ~ 3.5mm，外形有圆球形、椭球形、卵形、梨形等，外壳环绕 5 ~ 20 条长管状钙化的包围细胞。钙化好的包围细胞可发育细胞脊和细胞间沟，钙化弱的发育细胞沟和细胞间脊，表面光滑或有瘤、棒等纹饰。依据包围细胞的排列方式，可将其划分为直立、右旋和左旋轮藻 3 类（图 9-9）。右旋和左旋轮藻的包围细胞也称螺旋细胞。藏卵器的底部有孔，底孔内有塞（底板）。有的藏卵器顶部也有孔，顶孔的有无及螺旋细胞与水平面的交角（赤道角）和旋转的环数都是其分类鉴定的依据。

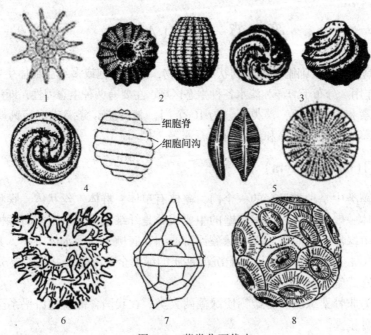

图 9-9　藻类化石代表

1—*Pediastrum*；2—*Sycidium*；3—*Trochiliscus*；

4—*Tectochara*；5—*Navicula*；6—*Areoligera*；7—*Deflandre*；8—*Coccolithus*

轮藻始现于晚志留世，延续至今，其中直立轮藻化石见于上志留统至下石炭统，右旋轮藻化石见于上志留统至二叠系，左旋轮藻化石见于中泥盆统至新生界。化石轮藻常见于陆相地层，古生代海相地层中也有发现。现代轮藻在 0.5~5m 深的清静淡水底最为繁盛，透明度高的湖泊中，超过 50m 的深处也有分布，少数种类生活于河口海湾等半咸水中。

四、硅藻门（Bacillariophyta）

硅藻为单细胞藻类，可连成各种群体。因细胞富含硅质而得名，其繁殖快，死后可大量堆积成硅藻土。硅藻细胞内的脂肪是重要的成油物质。硅藻个体一般为 2~200μm，外形似小盒，由上、下两个不等的壳组成，上壳较大，套在下壳之上。两壳套合部位称壳环带或壳环。壳面具有点、刺、肋、网等纹饰。依壳形可分辐射对称的中心硅藻和两侧对称的羽纹硅藻两大类（图 9-9）。

硅藻多数水生，少数生活于潮湿土壤中。中心硅藻始现于侏罗纪，延续至今，多营浮游生活于海水中；羽纹硅藻生活于新生代淡水中。

五、甲藻门（Pyrrophyta）

甲藻是一类微小的单细胞浮游藻类，是重要的成油母质。其细胞壁由纤维素组成的小甲片构成（图9-9），故名。其繁殖极快，在海水中繁殖过盛可造成赤潮。甲藻分为4个纲，其中沟鞭藻纲化石是油田地层中常见的一类化石。

沟鞭藻类因其细胞的中腰处有横沟和鞭毛，故名。沟鞭藻一般几十微米，细胞壁小甲片的排列方式不同，呈现不同的壳形。制成薄片在显微镜下观察，其轮廓有圆形、近圆形、卵形、多边形及多角形等。沟鞭藻的休眠孢子常保存为化石。沟鞭藻始现于晚三叠世，延续至今，晚白垩世至上新世繁盛。主要生活于海水，少数生活于淡水和半咸水中。研究表明，化石沟鞭藻与大油田密切相关，国外一些石油公司依据沟鞭藻的含量推算石油储量。

六、金藻门（Chrysophyta）

金藻是一类藻体为单细胞或集成群体、分支丝状体的藻类生物，营浮游或附着生活。大部分金藻无细胞壁，原生质膜裸露，细胞体可变形，具1或2根顶生的鞭毛，鞭毛等长或不等长，能运动。细胞裸露或在表质上具有硅质化鳞片、小刺或囊壳。

颗石藻是最常见的金藻化石。是一类球形至卵形的微小单细胞浮游藻类，因含金黄色素而被归入金藻门。颗石藻细胞体内有一个细胞核和一对黄褐色载色体。细胞膜外包有黏胶质外层，胶质层中或其表面分布有一些细小的具一定形状和结构的钙质小板，称为颗石（图9-9）。每一个细胞上，颗石的数目因不同属种而不尽相同，一个细胞上的所有颗石组成近于球形至卵形的"外骨路"，称为颗石球。

颗石由许多微小的方解石晶体组成，这些晶体称为晶粒（element）。颗石的直径甚小，一般为$1\sim15\mu m$，形态以圆形、椭圆形为主，少数呈菱形、方形等，一圈晶粒联结成一个环，或由同心的两个或两个以上的环构成一个盾。典型的颗石由上、下两个盾组成，中间由一中心管相连。颗石分为远端面和近端面：近端面附在细胞表面的黏液层上，或者是埋在黏液层中，通常内凹，远端面朝向外面，一般外凸，相应的上、下两个盾分别称作远端盾和近端盾。

颗石的基本类型是"盾盘"，它的形态、晶粒的形状及其排列方式和相互关系、中心孔的形态和结构，以及晶粒光性特征等均有很大的不同和变化，是进行分类、鉴定的重要依据。

根据颗石的形态以及盾的数目，颗石类可以分为5种类型：（1）盘石型（Discolith），（2）盾石型（Placolith），（3）篮石型（Lopodolith），（4）舟石型（Scypholith），（5）棒石型（Rhabdolith）。

颗石藻始现于晚三叠世，延续至今，是白垩纪以来白垩土的主要成分之一。现代颗石藻主要分布于广海，极少数生活于滨岸泻湖及淡水中，化石常见于海相地层。颗石藻死亡后，颗石球解体为颗石，常分散保存为化石，数量多、个体小，属于超微化石，是形成大洋底钙质软泥的主要成分，可为地质年代的鉴别提供重要依据。

第五节　介形虫（Ostracoda）

一、概述

介形虫属于节肢动物门甲壳超纲介形虫纲（Ostracoda），个体微小，一般长为0.4～2.0mm，少数可小于0.4mm或大于70mm。介形虫身体两侧对称，不分节，外被两瓣甲壳包裹，个体虽小，但结构复杂，各种器官发育比较完善。身体分为头部和胸部（躯干部）（图9-10）。头部大，约占身体大小的一半，胸部末端生有一对尾叉。介形虫身体某些部位生有刚毛，通过壳壁的毛细管伸出壳外司感觉作用，消化系统由位于头部的口、食道、胃、肠及位于身体后端的肛门组成。介形虫无鳃，通过薄的体壁自然扩散进行呼吸。除了个体较大，浮游类型的 Myodocopida 目之外，均缺少血管和心脏。肌肉系统复杂，控制附肢的牵引肌一端附着于介壳内面，另一端附着于头部的内骨板，横穿软体的肌肉柱，两端各附于一瓣壳的内面。

头和胸部具 7 对分节的附肢，附肢上具刚毛，末端为爪。头部生有 4 对附肢，用于爬行、游泳和摄食。胸部生有 3 对附肢，主要用于爬行和挖掘。胸部末端的尾叉不分节，构造似足，在丽足介目中尾叉可作为运动器官来补充或代替胸肢。

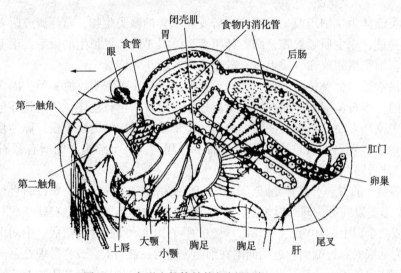

图 9-10　介形虫软体结构解剖图（据 Vavra，1892）

二、介形虫壳体的基本构造

介形虫壳体形状多种多样，通常呈卵形、肾形和豆形。壳面分为前、后、腹、背和中部等不同区域（图 9-11），两壳瓣间具有铰合构造的一侧为背缘，两壳瓣在背缘全部或部分紧密结合，此结合的部分称固定边缘或铰合边；背缘相对一侧为腹缘。介形虫头部所在一侧为前缘，相对一侧为后缘。前缘、后缘和腹缘不结合，可自由启闭，故称自由缘或活动缘。前、后缘与背缘的交角分别称前、后背角。介形虫前缘和后缘之间的最大距离为壳长；背缘和腹缘之间的最大距离为壳高；左、右壳之间的最大距离为壳宽。

介形虫壳有内、外两层壳壁，外层一般由内外几丁质层和夹于其间的厚的钙质层构成，内层为薄几丁质层，但其活动边缘可钙化。内壁的钙化部分称为钙化襞，钙化襞与外壁在自由缘叠合在一起，在内侧呈分离状，分离状的钙化襞称内板。钙化襞与外壁叠合带分布着许多由里向外呈放射状平行壳面分布的毛细管，这一叠合部分称边缘毛管带。分布在壳面其他部分的毛细管与壳壁垂直，称垂直毛细管。

铰合构造是介形虫分类的一个重要依据。铰合构造由凸起的齿或脊及凹入的窝或槽构成。其组合类型常分为 3 类（图 9-12）。一元型又称单元型、单节型或无齿型，由一个壳上的一条槽和另一壳上的一条脊组成。三元型（三节型）铰合其铰合构造由前节、中节、后节 3

个单元组成，其前、后两节为齿或窝，中节为脊或槽。四元型（四节型）铰合其铰合构造由前节、前中节、后中节和后节 4 个单元构成，前中节较短，后中节较长。前、后中节及前中节为齿或窝，后中节为脊或槽。

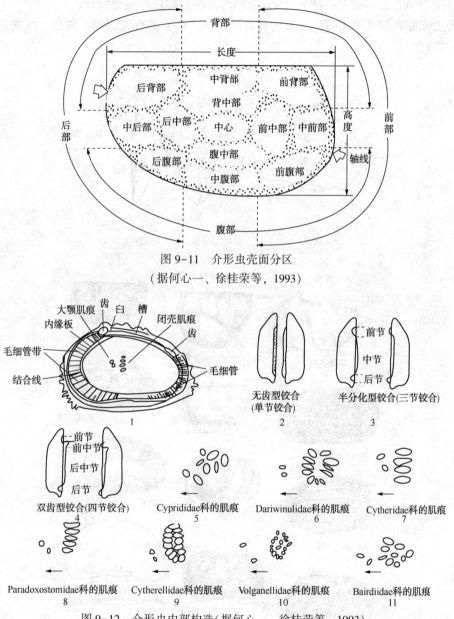

图 9-11　介形虫壳面分区
（据何心一、徐桂荣等，1993）

图 9-12　介形虫内部构造（据何心一、徐桂荣等，1993）
1—内部构造综合图解；2~4—铰合构造类型；5~11—肌痕类型（箭头指向前方）

介形虫内肌肉附着的地方在壳壁内留下的痕迹称肌痕，它也是分类的又一重要依据。不同类型肌痕的数目、形状及排列方式不同。化石常保存大颚肌痕和闭壳肌痕。大颚肌痕位于壳内前部，通常两枚，闭壳肌痕在大颚肌痕之后，最少 3 枚，多则几十甚至上百枚。

介形虫定向较复杂，一般可以根据以下标志来判断（图 9-13）：（1）具铰合构造一侧为背，相对一侧为腹，若倾斜则后倾；（2）眼点是眼部构造的斑痕，它一般位于前背部；

(3)喙为壳边缘喙状突起，其后有一浅沟状凹陷称凹痕，喙及凹痕位于前腹部或前端；（4）卵囊位于前腹部；（5）如果壳面有一大刺或翼形刺，其末端指向后方，若是锯齿状端缘刺，前端常较后端更发育；（6）前部铰合构造比后部的复杂；（7）闭壳肌痕位于壳中央偏前方，大颚肌痕位于闭壳肌痕前方；（8）毛细管带和内板在前端较后端更发育。

介形虫壳面有的光滑无壳饰，有的具各种壳饰。常见的有瘤、刺、斑点、网格、蜂窝状等（图9-13）。

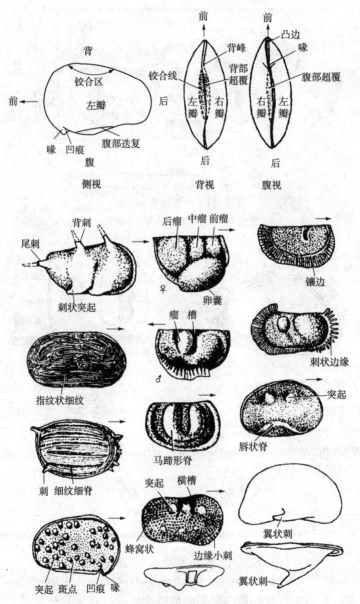

图9-13　介形虫壳面构造及定向（据童金南等，2007）

三、介形虫分类及化石代表

现代介形虫的分类，主要依据为软体部分的各种器官、附肢等特征。但软体部分在化石中没有保存，主要依靠壳体的形态、构造特征作为介形虫化石分类的依据。这些形态、构造包括：肌肉印痕、壳面装饰类型、双形现象、壳形及两壳的超覆关系、铰合构造、内边缘构造等方面，依据这些特征目前一般将介形虫分为5个目（表9-3）。常见化石代表如图9-14所示。

表9-3　介形虫分类及特征对比

目	铰合构造	肌痕	壳形	分布时代	代表分子
高肌介目（Bradoricopida）	无铰合构造	不清	壳薄，背缘长而直，腹缘凸	∈	*Leshanella*
豆石介目（Leperditicopida）	无齿型	肌痕大，密集成群	背缘长而直，腹缘外凸	O~Rec.	*Leperditia*
古足介目（Palaeocopida）	无齿型（部分）	不清	背缘长而直，腹缘外凸，壳面瘤、槽通常发育	O~P	*Beyrichia*
速足介目（Podocopida）	复杂，无齿型、半分化型、双齿型均有	以一定数量、规则排列	背缘外凸或直，短于壳长，腹缘中凹	O~Rec.	*Bairdia*，*Darwinula*，*Limnocythere*
丽足介目（Myodocopida）	无齿型	以一定数量、规则排列	背缘、腹缘一般外凸，两壳近等大	O~Rec.	*Cypridina*

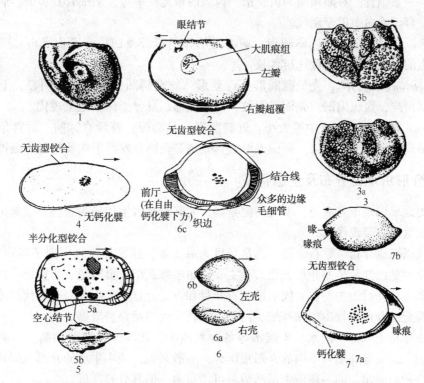

图9-14　介形虫典型化石代表（据童金南等，2007）
1—*Leshanella*（左视）；2—*Leperditia*（左视）；3—*Beyrichia*（3a—雄壳右视；3b—雌壳右视）；
4—*Darwinula*（左壳内视）；5—*Limnocythere*（5a—左内视；5b—背视）；6—*Bairdia*
（6a—背视；6b—右视；6c—左内视）；7—*Cypridina*（7a—左内视；7b—左视）

Leshanella（乐山介），壳小，多在 2mm 左右，背缘直，壳面具圆而大的中瘤，前背方具有小瘤、钩状脊及小沟槽等装饰。发育于早寒武世。

Leperditia（豆石介），壳大，近椭圆形。背缘直，两端具有明显的背角，腹缘弧形弯曲。前背部具眼点，最大高度位于后半部。右瓣大，沿腹缘超覆明显。壳面光滑或具斑点等纹饰。铰合构造简单，壳内侧具大巨圆形肌痕。发育于奥陶纪至中二叠世。

Beyrichia（瘤石介），近半圆形，两瓣大小相等。背缘直，壳面具槽 2~3 条，槽间突起成瘤，中瘤小而圆，常呈孤立状，后瘤较长。雌壳前腹部具卵囊，似球形或卵形。发育于泥盆纪至石炭纪。

Bairdia（土菱介），壳呈菱形，背缘外凸，前端窄圆、后端较尖，两端微上翘。左瓣大，沿背缘及自由边缘均有超覆。中间最高，壳面光滑，铰合构造简单，右瓣的背边缘插入左瓣背缘上的改槽。发育于奥陶纪至现代。

Darwinulu（达尔文介），壳长，椭圆形，前端窄圆、后端宽圆，前端低于后端、背缘近直，腹缘微内阴。两瓣不等大，或左瓣超覆右瓣，或右瓣超覆左瓣，最大厚度位于后半部，铰合构造简单，右瓣具槽，左瓣具脊。肌痕为达尔文介科型。发育于石炭纪至现代。

Limnocythere（湖花介），壳呈肾形。背缘近直，腹缘中部内凹，两端钝圆。壳薄，壳面光滑或饰以小斑点、网纹，具 1~2 条横槽，常有结节和小刺。铰合构造左瓣两端各为一个臼，中间为一条细脊，右瓣相应为齿、槽、齿。内板宽或中等，毛细管直、少。肌痕为浪花介科型。发育于晚白奎世至现代。

Cypridina（凹星介），壳近卵圆形。前方具明显的喙部及凹痕。壳面光滑，壳质薄。近壳中有较大的肌痕。雌性个体比雄性长。

Ctheropteron（翼花介），壳呈椭圆形至近菱形，前端斜圆，后端尾突明显，上翘。背缘上拱，中部最高，腹缘内凹。壳面具网纹、脊等壳饰。发育于侏罗纪至现代。

Cyprinotus（女星介），壳中等大小，近椭圆形或长卵形，背缘直，前、后背角明显，壳前 1/3 处最高。前腹部有壳喙。壳面光滑或具瘤刺等壳饰。发育于侏罗纪至古新世。

四、介形虫地史分布及生态特征

介形类最早出现于寒武纪，于奥陶纪繁盛，尤其是晚古生代最为繁盛，三叠纪衰退，自白垩纪再次繁盛直至现代。

古生代以高肌介目、豆石介目、古足介目为最主要，速足介目只出现了某些科的代表，其中高肌介目是已知最早的介形类化石，主要分布于寒武纪。奥陶纪、志留纪、泥盆纪则以豆石介目和古足介目为主。古生代末期豆石介目和古足介目全部绝灭。中生代以速足介目占优势。三叠纪的介形虫较少，侏罗纪、白恶纪和新生代速足介目繁盛。

介形虫广布于海洋、淡水、半咸水等各种水体中，在浅海分异度最高。不同温度、水深、水动力、底质等环境有不同的介形虫组合，一般来说，淡水生活的介形虫壳较薄、纹饰简单、铰合构造简单，同一环境中虽然数量可能很多，但其分异度低。

古生代介形虫绝大部分属于海相，最早的非海相介形虫出现于石炭纪。中、新生代陆相地层发现了大量介形虫化石，在油田的地层划分对比、沉积环境分析等方面发挥了重要作用。

第六节　牙形石（Conodonts）

一、概述

牙形石又名牙形刺，是一类已绝灭海生动物的骨骼器官化石，由于组成骨骼器官的微小分子外表形态很像鱼的牙齿和蠕虫动物的颚器，故称牙形石。牙形石个体微小，一般在 0.1~0.5mm 之间，最大可达 2mm，形态呈细齿状，颜色呈琥珀褐色、灰黑色或黑色，透明或不透明，风化后质脆。化学成分为磷酸钙，质地坚硬，溶于稀盐酸，但不溶于弱酸。牙形石发现于寒武纪至三叠纪海相地层中，因其形体微小、数量多、特征明显、演化快、地理分布广，对海相地层划分对比和油气地质勘探具有重要意义，被广泛用作寒武纪至三叠纪海相地层划分对比的重要主导化石类群。

二、牙形石骨骼分子的形态类型

牙形石骨骼分子通常呈分离状态保存，具有各种不同的形态类型，根据分离的牙形石骨骼分子的不同形态，骨骼分子大致可分为锥型分子、分枝型分子、耙型分子和梳型分子 4 类。

1. 锥型分子

锥型分子（coniform element）为圆锥形单位，由齿锥（也称主齿）和基部两部分组成（图 9-15）。齿锥形如牛角或呈弯曲的齿状构造，最大宽度位于近基部弯曲处，齿锥表面光滑或饰以纵向的脊线、沟线、肋等，因而齿锥的横切面呈现各种形状，如棱形、透镜形、圆形、近三角形和不规则形等。基部与齿锥紧密相接，常常明显放宽，内有一个大小不一、深浅不同的圆锥形凹穴，称为基腔或髓腔。基腔是软体的一种支持构造，牙形石通过基腔之上的薄层叠加而形成。根据锥型分子的基部上缘和齿锥后缘相连接处的形态不同，可将锥型分子分为两种类型：膝状锥型分子和非膝状锥型分子。膝状锥型分子的基部上缘与齿锥后缘呈锐角；而非膝状锥型分子的基部上缘与齿锥后缘是逐渐过渡的。

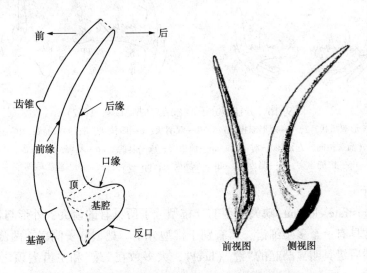

图 9-15　牙形石骨骼锥型分子形态和结构（据 Sweet，1988）

2. 分枝型分子

分枝型分子(ramiform element)又称齿棒型分子(barlike elements)。每个分枝型分子都具有两个基本的部分,即基部和主齿。与锥型分子一样,基部限于包括基腔在内的部分;主齿是在基腔尖顶之上发育的一种锥形实体构造。基部呈棒状,窄长,在基部的侧面或基部边缘的一面从主齿的侧方、前方或后方伸出一个齿突或称齿棒。齿突上具有分离的细齿。细齿可以很小,也可以比主齿大或与主齿相等。分枝型分子基腔的大小及其范围有很大的变化,基本上是一种亚圆锥形的凹穴,在邻近主齿的下方是基腔的尖顶所在,基腔沿着各齿突的下边(即反口面)延伸有齿槽(furrow)。大多数分枝型分子基腔是宽阔的,齿槽延伸明显,直达各齿突的末端。但是,在另一些分枝型分子中,基腔仅限于主齿下方呈一个小凹坑,称作基坑,而在齿突的下边呈扁平的或呈尖锐的边缘。齿突上的细齿可以彼此分离,或相邻细齿在大部分高度上彼此愈合。这类分子可以具有 1~3 个齿突,甚至 4 个齿突。分枝型分子根据齿突数目及齿突生长部位和形态的不同进一步划分为 7 种类型(图 9-16)。

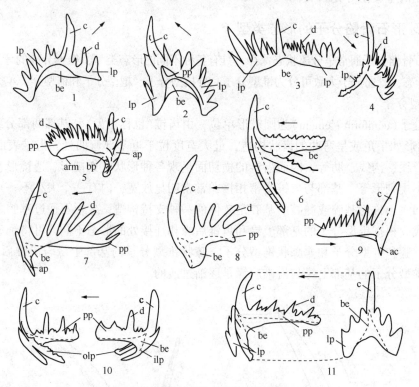

图 9-16　分枝型分子形态结构(据 Hass,1962)

1,3—长形双扭状;2,4—短形双扭状;5,7—双羽状;6—四枝状;8,9—锄状;10—三脚状;
11—翼状(箭头指向前方);ac—对主齿;ap—前齿突;be—基腔;bp—基坑;c—主齿;d—细齿;
ilp—内侧齿突;lp—侧齿突;olp—外侧齿突;pp—后齿突;arm—基缘萎缩带

3. 耙型分子

耙型分子(rastrate element)缺失典型的分枝型分子所具有的齿突,外形与锥型分子类似,但在主齿后缘常具有一至多个细齿,而有别于锥型分子。耙型分子侧扁,两侧不对称,基腔较深,在后末端后缘具明显凸起的"踵"(heel),大多数在"踵"和主齿尖顶之间有一排细齿(图 9-17)。

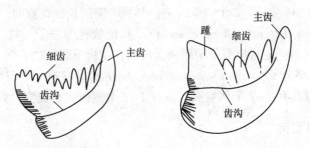

图9-17　耙型分子形态结构（据 Hass，1962；Lindstrom，1964）

4. 梳型分子

梳型分子（pectiniform element）基本形态有两种类型：一类形态类似于分枝型分子，从主齿延伸出1~4个或以上的齿突，但齿突侧方扁平，比分枝型分子齿突高，细齿较窄，彼此愈合，主齿与细齿等大或稍大于细齿。另一种基部扩大呈平台状，该分子由平台和齿片组成，齿片位于平台型刺体窄的一端，齿片上的细齿较高，排成一列。细齿延伸到平台面上时，这列细齿往往不高，称为隆脊（carina）。平台面上还可具有横脊、齿瘤等装饰。平台的下面有基腔。根据基腔的开阔程度，一般分为开阔基腔和狭窄基腔，有的类型基腔很小呈坑状，称为基坑或凹窝。在平台的下面有一条突起，称为龙脊，与平台面上的隆脊相对应（图9-18）。

根据一级齿突的数目及排列方式，梳型分子又可分为5种主要类型（图9-18）：

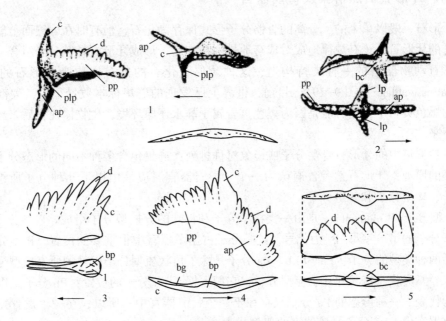

图9-18　梳型分子形态结构（据童金南等，2007）

1—三突状梳型分子；2—星射状梳型分子；3—片状梳型分子；4—角状梳型分子；5—梳状梳型分子

（1）射状梳型分子（stellate pectiniform element）。至少有4个一级齿突，即前、后和两侧齿突，这些齿突的其中1个或多个可以在末端分出二级齿突。（2）三突状梳型分子（pastinate pectiniform element）。有3个一级齿突，即前、后和侧齿突。（3）梳状梳型分子（carminate pectiniform element)。具前、后 2 个一级齿突，侧视齿突的长轴是直的，或者基本上是直的。(4)角状梳型分子(angulate pectiniform element)。和梳状梳型分子一样，都具前、后 2 个一级齿突，它们的区别是，角状梳型分子侧视，长轴在主齿下是拱的，即 2 个齿突在主齿下相交成角。(5)片状梳型分子(segminate pectiniform element)。只有一个前齿突，主齿位于后末端；有些类型也可以具有 1~2 个侧齿突，但具 1~2 个侧齿突的类型，具有宽而深的基腔。

三、牙形石的定向

由于牙形石的生物分类位置及其在生物体内的功能目前还不清楚，所以牙形石在生物体内的真实方位不得而知。为了鉴定和描述的需要，人为地给牙形石定向，定向原则如下：具细齿的一面称为口面或上面，相反的一面，即具基腔的一面称为反口面或下面。牙形石的主齿常弯曲，其弯曲的凸面称为前，而凹面称为后，如果主齿不弯曲，则根据基腔位置定前后，近基腔的一端为前方，远离基腔的一端为后方；如果主齿不明显，则根据细齿的高低定向，细齿高的一端为前方，低的一端为后方。对于梳型分子的牙形石，细窄的一端为前方，主齿和基腔位于后方，如果主齿不明显，齿突高的一端为前。牙形石定向除确定口面，反口面，前、后方外，通常还有内、外侧之分，即将牙形石的前、后连成一条中线，凸的一侧为外侧或外平台，凹的一侧为内侧或内平台，根据不同的观察方位，分别称为口面、反口面、前视、后视及侧视等。

四、牙形石自然群集及骨骼器官

牙形石一般以单个的、分离的骨骼分子形式保存为化石，但有时在岩层面上能观察到不同形态的牙形石分子有规律地成对成行地排列在一起，形成牙形石骨骼分子组合，这种组合是牙形石动物器官的一种支持构造，这种牙形石化石的集合体称为牙形石的自然群集(natural assemblage)(图 9-19)。目前，世界上已发现的群集标本数量很少，大都保存在石炭纪的黑色页岩中，这可能是因为黑色页岩属于静水还原环境，生物体死亡后未经扰动就被保存下来。

自然群集中的牙形石骨骼分子成镜象对称排列；群集包含多种不同的形态分子。根据自然群集的原理，牙形石学者普遍认为一个牙形石器官属应该由以下几种分子所组成，即 P 型分子、M 型分子和 S 型分子。

P 型分子(P element)：是由一类梳型分子和特殊的分枝型分子组成。P 型分子的"P"是以梳型分子的第一字母"P"为代号，这类分子占据了器官中很重要的位置。P 型分子在特征上包括两种类型的分子：Pa 和 Pb。Pa 分子是除了角状梳型分子以外的所有梳型分子，包括星射状、三突状、梳状和片状梳型分子，它们占据了 Pa 分子的位置；Pb 分子是以角状梳型分子为代表。一种形态的 Pa 分子只存在于一个骨骼器官中。所以，在一个发育完全的牙形石骨骼器官中，Pa 分子是该器官的典型代表。

M 型分子(M element)："M"是以该分子在牙形石骨骼器官中所处的中间位置来命名的，故称为 M 型分子。M 型分子是一类分枝型分子，它以拱的尖形锄状分子为代表，一般说来，其形态特征是主齿向前倾，主齿位于前末端或近前端。

S 型分子(S element)：是由分枝型分子所组成，代表了一种对称过渡系列，"S"就是以对称过渡系列的第一字母"S"来命名。这种对称过渡系列在形态上反映了一种从不对称的形态分子经过某种形态的分子到两侧对称的分子，这样一种过渡系列称作对称过渡系列，这种对称过渡系列与演化并无直接关系。这一系列在器官中往往包含 3 种或 4 种分子类型，它们是 Sa 分子、Sb 分子和 Sc 分子，有的还可以有 Sd 分子。Sa 分子是具有两个或多个齿棒的一种两侧对称的翼状分子。Sb 分子是一种双扭状分子。Sc 分子是常常具有一个长的后齿棒和一个向侧方倾斜或弯曲的前侧齿棒。在某些器官中还可以有 Sd 分子，它是一种具有 4 个齿棒的另一种对称型分子。

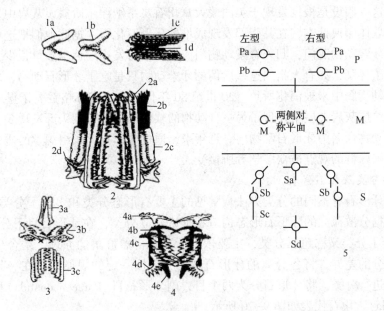

图 9-19 牙形石自然群集及骨骼器官组成模式图（据 Rhodes，1962）

1—Scottognathus（1a—Idiognathodus 或 Streptognathdus 分子；1b—Ozarkodina 分子；1c—Hindedella 分子；1d—Synprioniodina）；2—Lochrica（2a—Hindeodella；2b—Prioniodina；2c—Spathognathodus；2d—Neoprioniodus）；3—Illinella（3a—Gondolella；3b—Lonchodina 分子；3c—Lonchodus）；4—Duboisella（4a—Hibbardella 分子；4b—Ligonodina 分子；4c—Metalonchodina；4d—Lonchodina；4e—Neoprioniodus）；5—牙形石骨骼器官的组成及各分子的形态模式

（具有左型和右型分子，中间为一两侧对称平面）

目前，世界上发现的群集标本数量很少，已知的群集标本见于泥盆系、石炭系和三叠系，而且以石炭系黑色页岩中最多。群集的研究为牙形石的自然分类提供了基础。

群集的发现对解决牙形石的生物分类位置极为重要，使人们确信分散孤立的牙形石个体只是含牙形石动物器官中的某一个分子，同一个牙形石动物体内可以含有不同形态的牙形石分子。按照自然群集建立的分类为自然分类。很多牙形石专家根据自然群集的原理把一定数量的灰岩样品处理获得分离的牙形石骨骼分子，用回归分析方法计算各种不同形态的牙形石骨骼分子彼此之间的相关性，然后，根据各分子之间的一定比率将几对或几种分离的牙形石骨骼分子组合在一起，组成和恢复牙形石动物的某种器官，力求接近自然分类。这种方法的缺点是牙形石动物死亡后，已经遭到了种种破坏，以致存在各种误差。还有一些牙形石学者凭着多年来研究的经验，根据形态功能分析的原理，主要依据各分离的牙形石分子的成分、构造、产状等，将各分离的牙形石骨骼分子组合在一起，建立一个属。用这两种方法建立起来的属称为器官属，也称多分子属。据此进行的分类称为多分子分类或超属分类。这只是一种人为的分类，但它比较接近自然分类。

五、牙形石分类及代表化石

1. 牙形石动物分类位置

关于牙形石动物的生物分类归属问题，不同学者之间分歧很大。目前尚未确定，有关牙形石动物的生物归属的假设很多，有蠕虫动物的额器，软体动物门腹足类的齿舌，节肢动物门二叶虫附肢的骨刺以及锥石钉齿的骨棒假设等。1973 年，W. Melton 和 H. Scott 提出了牙索动物的假设，这一假设是根据发现于美国蒙大拿州石炭系纳缪尔阶熊溪灰岩中发现的外形类似于文昌鱼的软体印痕标本，在其腹部发现成堆的牙形石化石，据此他们把这种含牙形石类的动物定名为牙索动物亚门，归入脊索动物门。但由于所发现的标本数量很少，有些学者对这一假设提出了怀疑，如有人指出这些所谓的牙索动物只是吃了牙形石动物，牙形石骨骼分子保存在这种动物肠中未被消化所致。20 世纪 80 年代，有人在苏格兰爱丁堡北部下石炭统格兰顿砂岩的纹层灰岩夹层中发现了另一种动物的软体印痕，在其头部发现 3 个牙形石群集，他们把这类动物命名为牙形石动物门。近年来，通过牙形石比较组织学的研究，牙形石是脊椎动物一个姊妹群的观点被众多学者所接受。

2. 牙形石的分类及化石代表

不同学者对牙形石有不同的分类方法，常见的主要有形态分类和多分子分类两种方法。形态分类主要根据分散孤立的牙形石形态构造特征来建立分类，在牙形石目下分为 7 个科、13 个亚科。多分子分类又称超属分类，主要依据牙形石自然群集的原理，结合牙形石分子的构造和化石成分的差异，将各分离的牙形石骨骼分子按一定的规律组合在一起建立一个属。在此基础上进行分类，将牙形石分为两个目，副牙形石目（Paraconodontida）和牙形石目（Conodontophorida）。化石代表如图 9-20 所示。

Furnishina（费氏刺），两侧不对称的锥形分子，齿锥前倾到直立，向侧方有点弯曲，基部大，齿锥显著，前面宽平，相当于齿锥的最大宽度，具前和后侧隆脊，以致齿锥横切面呈三角形，基腔大而深。发育于中寒武世至早奥陶世。

Chasonodina（朝鲜刺），分子具有 5~7 个近等大的细齿，齿体两侧对称，基腔分为两个侧腔。发育于早奥陶世。

Periodon（围刺），器官属由 6 分子所组成：两个 P 型分子，为角状梳型分子，其中一个分子有点扭曲；一个锄状 M 型分子，后齿突无细齿；3 个 S 型分子，代表对称过渡系列，S 型分子都是由分枝型分子所组成，具短的前侧齿突，其上具有很小的细齿，后齿突长，呈拱形，两侧扁，细齿部分愈合，近末端细齿最大。发育于早、中奥陶世。

Scolopodus（尖刺），由多分子组成。齿体锥型、非膝状，后倾或反曲型，齿体两侧对称，侧面具数条齿肋或沟线呈对称或不对称排列，前、后缘脊可有可无。基部小，基腔浅。发育于早奥陶世至早泥盆世。

Neogondolella（新舟刺），齿台形片状梳型分子占据 Pa 分子位置，分枝型分子为 S 型分子和 M 型分子位置。齿台形 Pa 分子，齿体呈舌形或舟形，齿台位于齿轴的两侧，自由齿片有或无。主齿位于后末端或近后端，口面具隆脊，反口面龙脊和基坑显著，具齿槽。发育于二叠纪至三叠纪。

Ozarkodina（奥泽克刺），该器官由 6 个分子组成，与 *Polygnathus* 的区别在于 Pa 分子和 Sa 分子的不同。本属 Pa 分子为梳型分子，该分子口面具一排细齿而无明显的主齿，前齿片

稍高，细齿紧密排列。基腔位于近中部，常向侧方膨大成唇缘，有时在基腔的唇缘或向侧方膨大的口面上具细齿或瘤。反口缘弯曲或直，Sa 分子为翼状分子，缺失明显的后齿突。发育于晚奥陶世至泥盆纪。

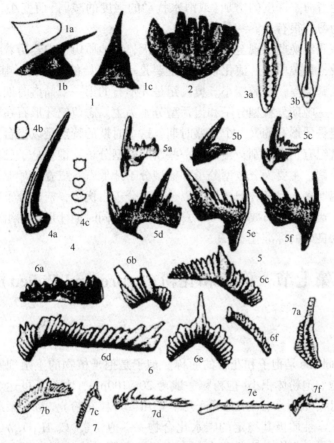

图 9-20　牙形石代表化石（据童金南、殷鸿福，2007）

1—*Furnishina*（1a—横切面；1b—侧视；1c—后视）；2—*Chasonodina*；3—*Neogondolella constricta*
（3a—口面；3b—反口面）；4—*Scolopodus*（4a—侧视；4b—横切面；4c—*Scolopodus* 不同的种的横切面）；
5—*Periodon*（5a—Pa 分子；5b—M 型分子；5c—Pb 分子；5d~5f—分别为 Sa 分子、Sb 分子、Se 分子，均为侧视）；
6—*Ozarkodina*（6a—Pa 分子，侧视；6b—Sb 分子，侧视；6c—Pb 分子，侧视；6d—Se 分子，侧视；
6e—Sa 分子，后视；6f—M 型分子，侧视）；7—*Polygnathus*（7a—Pa 分子，口视；7b—Pb 分子，侧视；
7c—M 型分子，侧视；7d—Sc 分子，侧视；7e—Sb 分子，侧视；7f—Sa 分子，侧视）

Polygnathus（多额刺），该器官由 6 个分子组成，Pa 分子为齿台形梳状分子，Pb 分子为角状分子，M 型分子为锄状分子，S 型分子为过渡系列，齿突上具有愈合细齿。Pa 分子的特征：齿体呈叶形或披针形，由自由齿片和齿台构成。自由齿片的细齿在齿台中部或近中部与固定齿脊（隆脊）相连接。齿台简单，向前、后端变窄，其上有隆脊、横脊、瘤、近脊沟等装饰。反口面有一基腔或基底凹窝，位于齿台下方。反口面具齿槽、龙脊和基缘萎缩带。该器官属与 Ozarkodina 的区别是在于 Pa 分子和 Sa 分子的不同，本属的 Pa 分子为齿台形梳状分子，Sa 分子为后齿突上具细齿的翼状分子。发育于泥盆纪至早石炭世。

六、牙形石动物的生态及地史分布

一般认为牙形石动物生活在海域中，大多数属种是世界广布的种，是一种浮游或自游的海生肉食动物，研究资料还显示，牙形石的形态或表面微形态的变化随环境的变化而变化。例如，基腔大小随着海水深度的增加（或海水扰动的强度的减弱）而变小，这种观察对恢复牙形石动物的行为习性很有益。

牙形石从前寒武纪晚期出现至三叠纪末期绝灭，在地质历程中经历着各种演替，寒武纪的牙形石构造原始，种类单调，演化较慢，主要是一些原始的鞘壁薄、基腔大而深的类型。晚寒武世牙形石鞘壁增厚，基腔变小。奥陶纪是牙形石的第一个鼎盛时期，早期以锥型分子牙形石为主，至中—晚期分枝型分子和齿片型分子为主。志留纪牙形石在属种类别上都显得十分单调。泥盆纪是牙形石的又一个繁盛时期，这个时期的特点是以齿台型分子占优势。石炭纪牙形石与泥盆纪有很大区别，出现了一些新的梳型分子，锥型分子已趋于绝灭。二叠纪牙形石属种比较单调，主要为分枝型分子和梳型分子牙形石。三叠纪牙形石属种和数量又一次回升，比二叠纪增多，但三叠纪牙形石以分枝型分子占优势，梳型分子减少，而且牙形石的个体比起晚古生代的牙形石要小得多。总的看来，不同时期牙形石的组合面貌有着明显的差异，因此可作为良好的标准化石。

第七节　孢子和花粉（Spore and Pollen）

一、概述

孢粉（spore-pollen）是孢子和花粉的简称。孢子是孢子植物的生殖细胞，花粉是种子植物的雄性生殖细胞。孢粉体积小（孢粉粒一般为 20~100μm，大孢子可达 200μm，也有小于 10μm 者）、质量小、数量多（一朵花可产几千至几千万粒花粉）、易于搬运传播，其外壁主要由物理性质和化学性质极其稳定的碳水化合物——孢粉素（$C_{96}H_{44}O_{24}$）组成，耐高温、高压、强碱、浓酸，易于保存。孢粉形态复杂多样，不同时代的孢粉形态特征不同，不同时期、不同环境具有不同的植物群，产生不同的孢粉化石组合，所以孢粉广泛应用于地层划分对比及古构造、古地理、古气候等地质勘探生产实践中，不仅应用于陆相地层，而且使海相、陆相两种不同沉积环境的地层也可以直接对比，在油田、煤田、海洋地质、考古、医药、农林、侦探等方面都得到了广泛的应用。特别是在钻井的岩心和岩屑中可获得大量保存完好的孢粉化石，因而其在油田尤显重要。

二、孢粉的形态结构

1. 孢粉的形态

孢粉是由孢子囊和花粉囊中的母细胞发育而成，母细胞通常分裂 2 次，产生 4 个相连的子细胞，称为四分体。四分体中的子细胞可排列成辐射对称的四面体形或二侧对称的四方体形等，子细胞成熟后相互分离，形成 4 个孢子或花粉粒。有些植物的花粉母细胞分裂后，子细胞不分离，形成复合花粉，如杜鹃花的四合花粉、豆科的十六合花粉等。

孢粉具有一定的形态结构。为便于观察和描述，通常采用与地球极性位置类似的名称来命名孢子花粉的相应部位。将孢粉粒四分体中心点称为近极点，其附近的面称为近极面；近极点与孢粉粒中心点的连线延至外面（远离四分体中心）的点称为远极点，其附近的面称为远极面；近极点和远极点的连线称为极轴；近极面和远极面的交线称为赤道；通过赤道垂直极轴的线称为赤道轴（图 9-21）。

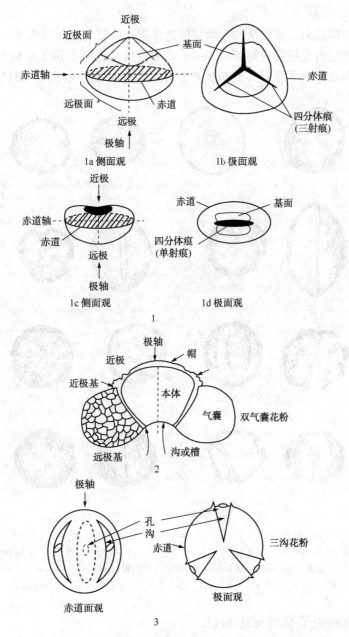

图 9-21　孢子和花粉形态构造术语（据王开发等，1983）

1—孢子（1a，1b—三射缝孢子；1c，1d—单射缝孢子）；

2—裸子植物花粉（具气囊）；3—被子植物花粉（三孔类）

孢粉具有多种形状，左右对称的孢子，一般为椭球形和豆形，辐射对称的孢子，一般为圆球形、角锥体形，花粉粒通常为圆球形、椭球形。

　　孢粉一般都有内、外两层壁。内壁是孢粉里面的一层壁，不易保存为化石。外壁主要由孢粉素组成，致密坚硬，不易被破坏，容易保存为化石。外壁光滑或有各种纹饰，是属种鉴定的重要依据。孢粉外壁常见的纹饰有颗粒状、脑纹状、刺状、穴状、瘤状等纹饰类型。

　　2. 孢粉的萌发构造

　　孢粉是靠萌发构造来完成繁殖的。萌发构造是指孢粉壁上的开口或薄弱部分，当孢粉成熟时，由此出芽或生出花粉管进行繁殖。孢子的萌发构造通常是位于近极面的射线或裂缝，包括射线、孔、沟及薄壁区等，其形态取决于四分体的排列方式(图9-22)。

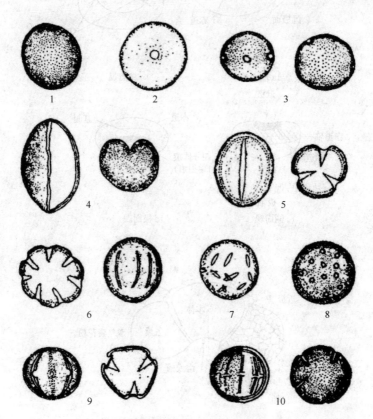

图9-22　花粉的萌发构造(据张永辂等，1988)

1—无萌发器官，柏粉(*Cupressus duclouxiana*)；2—单孔，小麦粉(*Triticum aestivum*)；3—三孔，糙叶树粉(*Aphananthe aspera*)；
4—单沟，含笑花粉(*Michelia alba*)；5—三沟，槭粉(*Acer mono*)；6—多沟，银莲花粉(*Anemone batcalensis*)；
7—散沟，马齿苋科(*Talinum crassifolium*)；8—散孔，黄杨粉(*Buxus microphyllum* var. *aem ulans*)；
9—三孔沟，紫树粉(*Nyssa* sp.)；10—多孔沟，柑橘粉(*Citrus aurantium*)

三、各类植物孢子花粉形态特征

　　苔藓植物孢子多数缺少萌发构造，个体小，一般5~10μm，无射缝孢子多为圆形，具刺状、网状纹饰，具三射缝的孢子也多为圆形，表面常光滑。

　　蕨类植物孢子的形态依萌发构造和对称性可分3类：无射线裂缝的近球形；辐射对称、具有三射线(裂缝)的近三角形、圆三角形等；二侧对称、具单射线(裂缝)的豆形等(图9-23)。

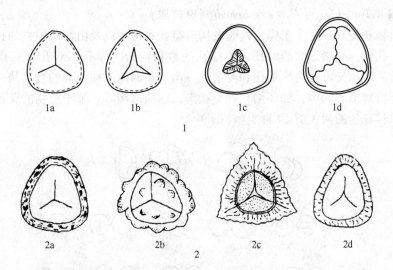

图 9-23　蕨类孢子形态（据王开发、王宪曾，1983）

1—孢子射缝类型（1a，1b—简单射缝；1c，1d—复杂射缝）；

2—孢子环饰类型（2a—厚环；2b—薄环；2c—膜环；2d—窄环）

　　裸子植物花粉的形态特征依据气囊的有无，萌发构造的形状和结构，可分为 5 种基本类型（图 9-24）。

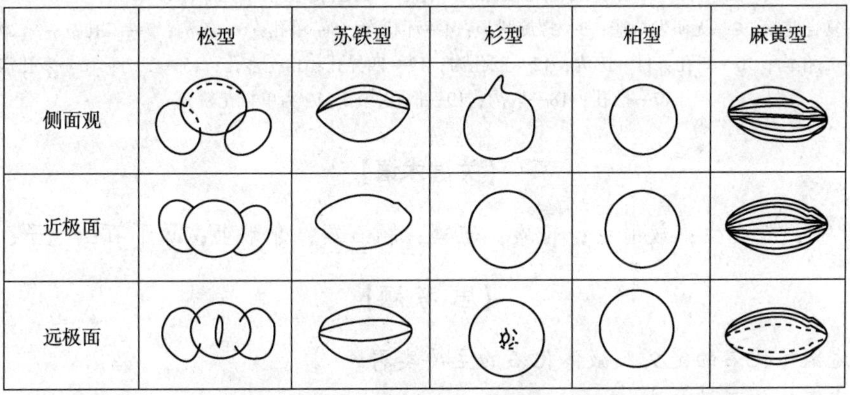

	松型	苏铁型	杉型	柏型	麻黄型
侧面观					
近极面					
远极面					

图 9-24　裸子植物花粉基本形态示意图

（据《中国植物花粉形态》，1960）

　　（1）松型，具气囊的花粉，具有一个近圆形的本体，其两侧各延伸出一个近半圆形的气囊，远极面上具一个单沟。如 *Pinus*（松属）、*Picea*（云杉属）、*Abies*（冷杉属）等。

　　（2）苏铁型，具单沟的船形花粉，花粉粒船形、纺锤形，远极面上具明显的单沟。如 *Cycas*（苏铁）、*Ginkgo*（银杏）等属。

　　（3）杉型，球形花粉，花粉粒球形，外壁在远极具一乳头状突起。突起处外壁变薄，末端为单孔。如杉科（Taxodiaceae）花粉。

　　（4）柏型，球形花粉，外壁上不具明显的萌发构造，但常有一个起萌发作用的薄壁区。如柏科（Cupressaceae）、紫杉科（Taxaceae）。

　　（5）麻黄型。橄榄形花粉，花粉椭圆形，外壁上有多条纵肋和纵沟，有一远极沟或无萌发构造。如 *Welwitschia*(百岁兰)或 *Ephedra*(麻黄属)。

　　被子植物花粉形态复杂多样,其萌发构造有孔和沟,以及由沟与中央的孔构成的复合萌发构造——孔沟。孔指短的萌发孔,依据孔的数目可分为单孔、双孔、三孔、多孔、散孔等。依据孔的结构又可分为简单孔和复杂孔。沟是长的萌发孔,沟的数量从一个至多个。有些类型具有特殊形态的沟,如环沟、螺旋状沟,球面散沟等。被子植物的花粉形态可分为复合花粉和单粒花粉的两大类 19 种类型(图 9-25)。

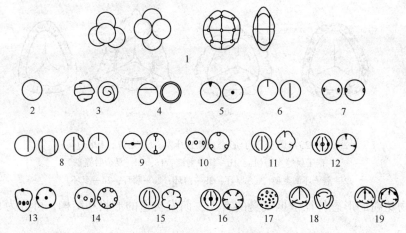

图 9-25　被子植物花粉形态(据《中国植物花粉形态》,1960)
1—复合花粉;2—无萌发构造;3—螺旋状沟;4—环状沟;5—单孔;6—单沟;7—二孔;8—二沟;
9—二孔沟;10—三孔;11—三沟;12—三孔沟;13—四异孔;14—多孔;15—多沟;16—多孔沟;
17—散孔;18—散沟;19—散孔沟(2~19 为单粒花粉)

【关键术语】

微体化石;有孔虫;放射虫;轮藻;硅藻;颗石藻;介形虫;牙形石;孢子;花粉。

【思考题】

1. 简述微体化石的定义及微体化石的主要类群。
2. 简述微体化石的分类。
3. 有孔虫壳房室及排列分哪几种类型?
4. 放射虫的分类位置、骨骼保存特点和骨骼类型有哪些?
5. 放射虫在古环境分析中有什么特殊意义?
6. 简述介形虫的主要特点。
7. 牙形石的定义是什么?其主要形态类型有哪些?
8. 牙形石自然群集与多分子属或器官属的含意是什么?
9. 如何表述孢子和花粉的定义?
10. 苔藓植物和蕨类植物孢子、裸子植物和被子植物花粉各有什么特点?

第十章　应用古生物学

【本章核心知识点】

本章主要介绍古生物化石的研究方法，古生物化石研究理论意义与实践应用价值。

（1）古生物化石的研究一般包括化石采集，标本的处理和观察，标本的鉴定和描记，标本的照相、制图、复原及古生物资料的应用等。

（2）古生物学是地球科学重要的基础学科。古生物学的研究对于地质学和生物学都具有重要的理论与实践意义。

第一节　古生物学研究方法

古生物的研究工作一般分为野外标本采集和室内分析研究两个阶段。前者是整个工作的基础，决定着研究结果的质量和深入程度；后者是通过对野外资料的整理、分类鉴定、居群分析及对有代表性的居群标本进行描述、照相，最后撰写研究报告或论文，提交研究成果，解决生产实践或科学研究课题。

一、野外标本采集

标本采集是研究工作具有关键性的第一步。野外采集标本工作应根据研究任务来确定。如果研究任务是研究某一区域生物地层，则要求对研究区进行全面的踏勘，了解区域内地层发育、出露、化石产出、地层上下接触关系等情况，而后选择有代表性的剖面进行实际测量，按层记录地层的岩性和采集化石标本。所采集的化石，要求在野外现场按顺序编号，填写标签，包装好。

如果是进行古生态研究，除了对地层进行常规测量外，应着重收集反映古生物生态特征方面的资料，例如，古生物群落中物种的分异度和个体的丰度，生物生长方式，生物之间关系（互惠共生、共栖等），化石定向排列，磨损、破碎程度，化石在地层中产生、保存和分布特点，遗迹化石以及围岩的沉积构造，沉积物组成和颗粒大小，沉积环境标志物（如黄铁矿、海绿石等）等，并采集用于化学分析的化石和围岩标本。

大化石采集的关键是使用合理的物理化学方法将化石完整地从围岩中分离开来。野外采集必须根据化石围岩的特点，利用合理的提取方法，尽可能地不破坏化石的完整性及其装饰和结构。对于一些比较脆弱的化石或具有比较精细装饰和构造的化石，野外采集时通常要连同一部分围岩一起切取下来，在室内进一步分离和修理，对于一些比较坚硬的碳酸盐岩，必要时可用化学方法溶蚀围岩，以获取化石。

微体化石一般难以用肉眼观察，所以通常只能将微体化石与围岩沉积物一起采集，在室内通过各种处理方法将化石从沉积物中分离出来后再进行研究。微体化石的采样工作，有陆上采样与海上（或湖沼）采样两种情况。

由于微体生物的化学成分、物理性质、生活环境以及化石保存状况等不同，使得微体化石在不同沉积物和岩石中的产出频率不同。对微体化石样品的采集，必须了解各类化石的保存特点、有利岩性，以提高采样效率和准确性。各类生物的生活方式和生活环境不同，有利于它们保存的岩性亦不同。例如钙质生物通常较容易从碳酸盐岩中获得；游泳和浮游生物则主要产于深水灰岩、页岩和硅质岩中。对微体化石样品的采集应尽可能在产出频率大的沉积物或岩石中采集。采样间距主要根据工作目的和岩性特点来确定；采样量取决于所采化石的类别和岩性，采样数量通常为处理化石时所需数量的5~10倍。样品可采自地表露头、钻井或海底、湖底的松软沉积物中，但要力图采集新鲜样品，明显的风化作用不利于样品的采集，尤其要防止样品的污染。

1. 陆上采样(地表露头采样)

采样方法由于研究目的的不同而异，一般分为两种：一种是并不特别注意各试样间的关系，而从任意层位上采集；另一种是按一定规则有计划地采集。

任意方法取得的试样，尽管能够用于确定各地层的地质时代和推断其沉积环境，但不适于系统研究工作。因此，一般情况下除了特定的目的或受到条件限制的场合外，都尽可能采用规则采样法。

规则采样法采样，在研究化石的时间(年代)变化时，须顺着地层层序的方向采样，这种方法称为切层采样法，又称层位采样法；在研究化石地理上乃至环境上的变化时，则须沿地层展布方向采集同时期的沉积物，称作顺层采样法。不论是切层采样还是顺层采样，都必须参照以下原则进行：

(1) 了解各类别繁衍的时代和富集的岩性，按一定的要求采集必要的岩样或砂样，进行室内处理或分析。

(2) 采样时要去掉露头表层的风化部分，注意采集内部新鲜的沉积岩。在采软质泥岩样时，在经风化变黄部分的里面，可见到几厘米至几十厘米厚的带黑色的部分，在该处钙质微体化石往往已被溶解掉了。在从事孢粉样品采集时，要采集没有地表水渗入的部分，以免混入现代生物和其他层位的花粉等。在采集硬质岩石时，除掉风化部分，挖出新鲜部分作为试样，或从露头取下因节理等而断下的大岩块，除去风化部分，采集中心附近的新鲜部分作为试样。

(3) 考虑到搬运与保存空间等问题，采样数量不要过多，为处理化石时所需数量的5~10倍就足够了。一般样品的质量以150~250g为宜，但可以根据化石的丰富程度、岩石密度的不同有所增减。

(4) 为了便于试样处理与保存，要记录采样地点与层位，用简略符号与数字对各采样点、试样进行命名，通常，要使采样点名称与试样编号保持一致，以免因为使用几种名称而造成混乱。试样编号往往原封不动地沿用野外调查时表示露头与表示观察点的编号。为防止混乱，在采样点较分散时，最好采用各采样点的地名，或将地名简化成符号在编号中反映出来。

(5) 在采集这些试样的同时，为了搞清试样的相互关系，便于今后再采样，要将采样地点、采样层位、采样点的露头情况记录下来，并将采样点用符号表示在地形图上，在符号旁记上取样点名称(样品编号)。

（6）将采集的试样装在记有采样地点（试样编号）等的试样袋中，封好带回室内。对于切层采样法，还应注意：第一，应在地质构造简单的地区采样，尽量沿一条路线，以便查明试样相互间的层位关系（上下关系）。在两条以上路线上采样时，要追索标志层，查明不同路线的层位关系，及试样相互间的层位关系；第二，采样应有一定顺序，或从老到新，或从剖面下部向上逐层采集；第三，采样间距应视目的、要求和岩性特点而异，通常采样层位间距为数十米，但在精度要求不高的情况下，有时间距可达100m以上。岩性稳定或均一地段间距可大些，岩性变化大的地段间距可小些，在岩性变化的层位或在含矿层及其上、下层位中，必须采样。如确定分层界线，还要在分界线上、下集中采样。为了详细分层、建立化石带，应大大加密采样点，必要时每隔数十厘米就要采一个样。

对于顺层采样法，重要的是必须保证所采集的样品是同时期的沉积物（同一层位的沉积物）。因此，一般在一个露头采样时都是平行于地层层理面采集；范围很广时，沿着标志层采集。另外，利用根据地磁倒转现象建立的古地磁层序来查明各试样的同期性，即使在标志层不发育或很难追索标志层的地区也能做到采集同一层位的试样。

2. 钻井采样

通过钻探剖面采集试样，可分为岩心采样和岩屑采样两种。

岩心采样，是取出柱状岩心作为研究地下岩层的岩石试样。取样时，一定要将岩心表面刷洗干净，可以每隔一定距离截取一段岩心作为样品，也可以在岩心上选择一定段落纵向刻槽连续取样。前者可借助放大镜或凭岩性特点选择含生物碎屑比较丰富的段落截取，但不能反映一定段落内的化石全貌；后者虽能反映一定段落内的化石全貌，但不能反映化石丰富的段落，两者各有利弊，可根据要求综合运用。

岩屑采样，是在钻探过程中，每隔一定进尺采集钻进中冲到地表的岩屑，以岩屑作为试样。岩屑采样远不及岩心采样好，原因是不易掌握采样间距，加之岩屑混杂，所收集的岩屑不仅仅是正在钻进的地层中岩屑，而且混有已经钻穿的上部地层中的岩屑，因而不易挑选合乎要求的样品，解释化石试样时必须十分慎重。对于地质技术人员来讲，必须十分熟悉钻井剖面层序、逐层岩性特征并且具备识别新鲜岩屑和原有岩屑的能力。

3. 松散沉积物采样（海底采样）

这种方法多数是为了在海底松散沉积物中采集第四纪的微体化石，所要获得的是没有被扰动的海底沉积物的柱状样，采样方法是与陆地基本相同的海上钻探方法。这种采样需要特制的采样工具，并在海洋调查船上进行，是以未固结沉积层作为对象而进行的各种柱状采泥方法。至于近岸浅水的砂样采集，则需要有潜水装备，并潜入水下进行采取。

松散沉积物采样必须注意几点：第一，每采集一个样品，都应填写该样品的标签，写明采样剖面代号、样品编号、采集地点、采集层位、采样深度（钻井采样）、采集人和采集时间。第二，进行逐层系统采集时，必须附有地层柱状剖面图，注明层序、岩性、大化石特点，并将每个样品编号写在所属层位旁边。第三，样品整理时，应分别列出各地区、各剖面微体化石样品清单。所有样品都必须按规定进行编录，妥善包装。一般都按剖面逐层装箱，填写样品清单一式两份，一份装入箱内随样品托运，另一份随身带回保存备查。样品箱上应注明采集地点、剖面代号、所装样品的起迄编号和采集时间，以便室内处理或分析时易于寻找，避免混乱。

二、化石标本的处理

从野外采集回来的化石标本及微体化石样品，应根据化石保存类型和研究方法的不同，采用不同的方法进行处理。

1. 大化石标本的处理方法

这里所说的大化石，习惯上包括了大型脊椎动物化石和植物化石在内的所有个体大于1cm 以上的动植物化石。在野外采集的化石，其实体、内模、外模的表面往往黏有围岩碎块，影响对化石特征的研究，需将围岩碎块除去。表面修理方法较简单，一般用钢针、刻刀轻轻将围岩剔去。此项工作需要十分细心和耐心，万万不可操之过急。对于较硬的岩石来讲，采取轻轻敲打、震动、剔除的办法；对于软质泥岩、页岩，注意轻轻顺层抠除围岩、逐渐暴露化石体；对含笔石、植物枝叶化石的泥岩、页岩，在修理时还可以顺层剥开，有时仍可发现完好的化石；对于包裹在硬质岩石中的实体化石(如石灰岩中的腕足动物化石等)，试用淬火法，使化石与围岩完全脱离，常可以得到十分精美、完整的化石标本。

对不少类型化石的研究，常需要观察其内部构造，因而对部分实体化石往往采用切、磨薄片的方法，如珊瑚、头足动物及腕足动物等。磨片方法对于研究无脊椎动物化石内部显微构造，以及脊椎动物化石及遗迹化石的显微构造，都具有重要意义。

在陆生植物化石研究工作中，为了解其表皮构造，可采用浸解法，即将化石碎片浸泡在浓硝酸中，至透明为止，然后投入氨水中；水洗后，用浓酒精脱水，最后用树胶封片，即可在显微镜下观察。

大型脊椎动物化石和植物化石，身体各部分往往分开保存，从研究工作或展览的需要出发，要求将零散的化石材料进行复原。这项工作，一方面需要大量的化石资料，另一方面也需要研究者具有比较丰富的比较解剖学知识。

2. 微体化石的室内处理或分析

以微体化石作为研究对象时，除特殊情况外，都必须把化石个体从岩石与沉积物中分离取出，然后再根据化石种类与研究目的进行处理。试样处理质量的优劣，对研究成果影响很大，因此，必须十分重视并注意做好样品处理这项基础工作。根据化石种类与含化石的试样状态的不同，往往采取不同的处理方法。但在一般情况下都需要交替使用物理与化学的方法，首先将化石与围岩分离，再经过对样品的冲洗、烘干、挑选、制片，最后才能得到可供鉴定的微体化石。

从岩石中分离微体化石，可用机械破碎、用水浸泡或用高温加热再骤冷等方法，使化石与围岩分开。也可用酸(盐酸、醋酸、草酸、氢氟酸等)或碱，将化石从围岩中分离出来。微体化石从围岩中分离出来以后，若化石表面仍有少量泥沙附着，又不宜用细针剔除，可用超声波清洗仪，利用超声波的颤动，使附着物从化石表面脱落。

通常从岩石中分离出来的微体化石，要在实体显微镜下进行挑样或观察。20 世纪 50 年代以来，人们利用放大率高达数十万倍、百万倍的透射电子显微镜或扫描电子显微镜对超微化石或微细形态进行观察，取得了显著的成效。扫描电子显微镜的优点是能对实体标本直接进行扫描观察，所得图象立体感很强。还可利用 X 光射线法，对化石内部形态进行研究，或寻找隐藏在岩石中的化石。用红外光、紫外光照相可使一些化石(如炭质的笔石、几丁虫)由不透明变为透明，显示其详细形态。另外，还可用电子探针、荧光光谱仪、质谱仪对化石进行化学成分、矿物组成、同位素等的分析。

三、标本的鉴定和描记

化石从岩石中揭露和分离出来后，就可进行研究。首先要根据化石特征进行分类、鉴定。在鉴定过程中，要查阅国内外有关的古生物文献，对照前人已有的化石标本或图片资料，给所采集的标本定名，确定其归属。有代表性的标本进行特征描述、度量。如果查阅了国内外所有的古生物文献资料，确定所采集的标本是新的属种，则要根据有关生物命名法规赋予标本以新的名称。

四、标本的照相、制图、复原及古生物资料的应用

化石标本的特征单靠文字是很难描述清楚的，而一张清晰的照相图片，却能充分显示其主要特征。为此，要对所描记的模式标本进行照相或采用扫描电镜照相。甚至应用全息照相显示三维空间的立体图象。为了清晰说明某些化石形态特征的细节，可绘制各种线条图加以说明。为了对化石生物整体了解，需要利用零散的化石标本，根据比较解剖学知识对化石进行复原。

通过对古生物资料的整理、分析，最后撰写研究报告或论文，提交研究成果，利用古生物资料指导生产实践，解决生产实践问题。

第二节　古生物学的研究意义及应用

古生物学是地球科学重要的基础学科，它是随着地质事业的进展而发展起来的。古生物学与地质学及生物学都有着极为密切的关系，三者相互促进，不断发展。古生物学的研究对于地质学和生物学都具有重要的理论与实践意义。

一、确定相对地质年代，进行地层划分和对比

地层是研究地球发展历史的物质基础。不同地质历史时期所形成的地层保存着不同的化石类群或组合，化石在地层中的分布顺序清楚地记录了有生物化石记录以来地球发展的历史。地层系统和地质年代表的建立主要根据古生物进化发展的阶段性特点。地球历史由老到新被划分为大小不同的演化阶段，构成了不同等级的地质年代单位。首先可将地球发展的历史划分为太古宙、元古宙和显生宙。太古宙为最古老的地质历史时期，是生命起源和原核生物进化时期；元古宙是原始真核生物演化的时代；显生宙，后生动植物大量发生和发展，是生物显著出现的时代。显生宙根据生物演化的主要阶段又分为古生代（Palaeozoic）、中生代（Mesozoic）和新生代（Cenozoic），其中的"生（-zoic）"，即指生物，尤其指动物。代以下可依次分为纪、世、期。一般来说，代是根据动物或植物的某些纲或目的演化阶段进行划分的；纪是根据动物或植物的某些科或属以及植物的属或种的出现或绝灭来划分的；世是根据动物的亚科或属以及植物属种划分的；期的划分一般根据化石带进行。应该指出的是，地质年代表是对应于地层系统表而建立的，古生物学在建立地层系统上的作用，同时也反映在地质年代表中（表10-1）。

表 10-1　地质年代表与生物发展历史关系简表

地质年代及代号			同位素年龄值/	主要生物进化阶段	
宙	代	纪	Ma	动　物	植　物
显生宙	新生代 Kz	第四纪 Q	0.01	人类出现	现代植物时代
			2.58		
		新近纪 N	23	哺乳动物时代	被子植物时代
		古近纪 E	66		
	中生代 Mz	白垩纪 K	145	爬行动物时代，鸟类出现，哺乳动物出现	裸子植物时代
		侏罗纪 J	201		
		三叠纪 T	252		
	古生代 Pz	二叠纪 P	299	两栖动物时代	蕨类植物时代
		石炭纪 C	359		
		泥盆纪 D	419	鱼类动物时代	维管植物产生，裸蕨植物出现
		志留纪 S	443		
		奥陶纪 O	486	海生无脊椎动物时代，生物大爆发	
		寒武纪 Є	542		
元古宙	新元古代 Pt₃		1000	真核生物出现	高级蓝藻出现，海生藻类出现
	中元古代 Pt₂		1600		
	古元古代 Pt₁		2500		
太古宙	新太古代 Ar₄		2800	原核生物（细菌、蓝藻）出现，原始生命蛋白质出现	
	中太古代 Ar₃		3200		
	古太古代 Ar₂		3600		
	始太古代 Ar₁		4000		
冥古宙			4600	地球形成	

古生物资料是进行地层划分、对比的首要依据。地层工作的首要任务是主要采用古生物学方法确定地层的相对地质年代并进行地层对比(图 10-1)。能据以确定地层地质年代的化石称为标准化石(index fossil，guide fossil)。标准化石应具备时代分布短、地理分布广、形

态特征明显、个体数量多等条件。运用标准化石划分和对比地层时，还应注意下列3点：（1）对于标准化石的概念，不能单纯理解为某些个别的属种，只要符合上述标准化石条件，即使是科或目，都可以称为标准化石。一般来说，地层单位分得愈细，标准化石所属分类级别就愈低。（2）在理论上，生物是随着时间而不断地发展进化的，每种古生物都有可能具有划分地层的意义。在实践上，化石对于划分地层的作用，完全取决于人们对古生物研究的程度和认识水平。如有些化石，过去认为它们存在的时间较短，曾把它们作为划分较小年代地层单位的依据，但是随着研究的深入，发现它们存在的时间要较原来知道的时间更长，因而也就改变了它们在划分地层上的意义。（3）某一类生物从发生到绝灭，都要经历兴起、繁盛、衰落3个阶段，地理分布范围也存在从局部、广布到缩小的过程。在分布广的繁荣时期，易于保存化石。某类生物在其发生时期和临近绝灭时期保存下来的化石，我们分别称之为某类生物的"先驱"和"孑遗"。很明显，这种"先驱"和"孑遗"所代表的地质时代与标准化石代表的时代是有所不同的。"先驱"和"孑遗"所生存的时代，分别早于或晚于标准化石的时代。

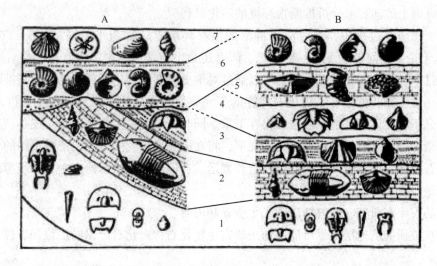

图10-1　化石应用于地层划分与对比(据 Moore、Lalicker、Fischer，1952)

二、重建古地理和古气候

古生态环境与古生物之间的互相作用、互相影响的关系使得我们有可能通过对古生物化石的研究来分析和推断古生物生活环境的特征。

应用古生物学来分析环境的方法和手段有多种，常用的方法包括指相化石法、形态功能分析法和群落古生态分析法。

1. 指相化石法

所谓指相化石是指能够反映某种特定的环境条件的化石。如造礁珊瑚只分布在温暖、清澈、正常盐度的浅海环境中，所以如果在地层中发现了大量的造礁珊瑚，就可以用来推断这种特殊的环境条件；再如舌形贝(*Lingula*)一般生活在浅海潮间带环境中。

2. 形态功能分析法

解释古代生物的生活方式，除利用现代生物进行将今论古对比外，还可以利用形态功能分析的方法。所谓形态功能分析法就是深入地研究化石的基本构造，力求阐明这些构造的功能，并据此重塑古代生物的生活方式。形态功能分析的原理建立在生物的器官构造必须和外界生存条件相适应的基础上。在生物进化过程中，功能对器官和构造的变化起着重要的作用。生物的形态和生理同环境相适应是在生物长期进化过程中受到外界环境条件不断的作用和影响迫使生物不断地改变自身而形成的。如穿山甲、旱獭等穴居生物由于长期适应地下挖洞生活，使其四肢具有强健的爪子，而鱼类等由于长期适应游泳生活，则使其身体呈流线型并具有一些与游泳生活相适应的器官系统。再如生活在浅水动荡环境中的生物，其壳体一般较厚，因为厚壳有利于保护自己，而壳薄、纤细的生物（如笔石等）则多适应于相对静水的环境中。

3. 群落古生态分析法

群落古生态分析法主要是根据群落的生态组合类型来分析古环境，并根据不同生态类型的群落在纵向上的演替来分析推断古环境的演化过程。

在古生态研究过程中，将对应于群落的生存环境单位称为小生境（biotope）或生态位（niche）。无论是潮间带、浅海、半深海、深海还是生物礁体系中，均有与之相对应的生物群落。反过来，在古生态研究中我们可以通过对地史时期生物化石群落的分析来推断其生存环境。但必须注意，由于古生物化石保存的不完整性，古生物群落只是原生物群落的一部分，大部分不具硬体的生物一般难以保存下来。同时，研究古生物群落时，还必须考虑生物化石的原地性。在没有弄清原地性的情况下，将在同一地点、同一层位上采集到的一群化石统称为化石组合，而不管其是否经过改造和搬运。在群落的古生态研究中，必须考虑到生物埋藏的原地性。

群落的古生态研究一般包括以下几个步骤和内容。

（1）在被研究的地层中尽可能多地采集古生物化石，对化石产出的层位和岩性进行登记和描述。

（2）对每一层位上的化石组合进行解剖，识别出原地埋藏的化石和异地埋藏的化石。辨别原地埋藏和异地埋藏的主要标志有以下4点：①原地埋藏的生物化石往往保存较完整，表面细微构造往往未遭破坏，关节及铰合衔接构造没有脱落，表面无磨损现象。异地埋藏的化石群，个体保存多不完整，硬体的各部分经搬运后常遭磨损。原地埋藏的化石个体大小极不一致，包含有不同生长发育阶段的个体。异地埋藏的化石个体由于在搬运过程中的分选作用，常常个体大小较一致。此外，生物保持原来生活时状态的为原地埋藏，异地埋藏的生物不保持其原来的生长状态。②遗迹化石大多为原地埋藏，除粪化石及蛋化石等可能为异地埋藏外，其他如足印、钻孔及潜穴等由于其铭刻在沉积物表面或内部，不能被搬运，故均为原地埋藏。③化石的生态类型与其沉积环境的一致性，原地埋藏的化石群所反映出来的生态特征与其围岩所反映出来的沉积环境相一致。异地埋藏的化石群所反映出来的生态特征常与围岩所反映出来的沉积环境相矛盾，或几种不同生态环境下生活的生物化石保存在一起。④不同时代的化石保存在一起时，老的化石应该属于异地埋藏。这种情况往往是由于保存在老地层中的化石被重新风化剥蚀出来而后再次沉积到新地层中所造成的。

（3）在确定原地埋藏和异地埋藏之后，就要对原地埋藏的化石进行群落的丰度和分异度的统计。所谓丰度是指群落中各个物种中个体数量的百分比；分异度是指群落中物种数量的多少，即物种的多样性情况。每种生物在群落中所占的百分比可以用直方图来表示。

（4）通过对群落的丰度的统计来确定群落中的优势种、次要种和特征种，并对各个群落进行命名，群落常以其优势种的名称来命名。

（5）通过对群落的分异度的统计，可以确定群落中种群的数量，根据各种群的生态习性来进一步弄清各群落中的营养结构及群落内部能量的流动情况。必须指出，由于古生物化石保存的不完整性，构成古生物群落的化石往往只是原来群落的一部分。

（6）根据群落在被研究的地层剖面上的垂直分布及群落类型自下而上的演替，就可以推断沉积环境从早期到晚期的变化情况。其中，生物的生活习性是指示环境的一个标志，底栖生物、浮游生物、游泳生物、遗迹化石类型、孢粉类型等都可以用来指示不同的生活环境。分异度是指示生态环境的一个标志，分异度高，也就是说种群的数量多，则说明该环境适合多种生物的生长，其环境应该较优越；分异度越低，说明其环境只适合少数物种的生活，其环境条件相对动荡多变。

三、解释地质构造问题

对地层中生物组合面貌在纵向或横向上变化的研究，有助于对地壳运动的解释。例如现代的造礁珊瑚，在海水深 20～40m 的较浅水区内繁殖最快，深度超过 90m 时就不能生存，向上越出水面，生长就停止。很明显，只有海底连续下沉，珊瑚礁才能连续地生长。因此，珊瑚礁岩层的厚度可以用作研究地壳沉降幅度的依据。又如，我国喜马拉雅山希夏邦马峰北坡海拔 5900m 处第三纪末期的黄色砂岩里，曾找到高山栎（*Quercus semicarpifolia*）和黄背栎（*Quercus pannosa*）化石，这种植物现今仍然生长在喜马拉雅山南坡干湿交替的常绿阔叶林中，生长地区的海拔在 2500m 左右，与化石地点的高差达 3400m 之多。由此可以看出，希夏邦马地区从第三纪末期以来的 200 多万年期间，已上升达 3000m 左右，这是运用化石研究地壳上升幅度的很好例证。

古生物对于研究岩石变形也有很大的意义。在研究岩石变形的应力和应变中，确定"应变椭球"的长轴和短轴以及长轴定向是很重要的。在这方面运用变形的化石去测定应变椭球的这些要素，比用变形岩石中的结核、鲕粒、砾石等去测量要方便和准确。这是因为化石容易发现，其原始外形可精确获知，特别是呈印模方式保存下来的化石，其变形与围岩相同，化石体的变形容易与未变形的化石比较，可以通过计算恢复其变形前的状态，从而为地质构造变动的研究提供可靠的信息（图10-2）。

四、验证大陆漂移

20 世纪初，魏格纳（A. Wegener）收集了多方面的证据，推论北美和欧亚、南美和非洲曾在地质时期拼接在一起，提出大陆漂移学说。北美与欧亚大陆曾拼接成为劳亚大陆（Laurasia），隔古地中海（Tethys），与南方的南极洲、澳大利亚、印度、非洲及南美拼合而成的冈瓦纳大陆（Gondwanaland）相望。劳亚大陆和冈瓦纳大陆主要在中生代时解体，各大陆向它

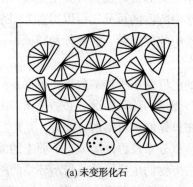

(a) 未变形化石　　　　　　　(b) 变形的化石

图 10-2　腕足类化石的变形效应(据 Ramsay，1967)

们现在的位置移动。大陆漂移的观点，得到古生物学很多佐证。淡水爬行动物中龙(*Mesosaurus*)见于南美和非洲早二叠世地层中，这类动物不可能游入大洋。冈瓦纳大陆在石炭纪至三叠纪时有广泛的冰川沉积，植物群比较贫乏，但其特征植物舌羊齿(*Glossopteris*)具有叶质粗、角质层厚等特点，却广布于大陆的各个陆块上。非海相化石水龙兽(*Lystrosaurus*)不仅发现于非洲和印度，而且在南极洲也有化石发现，证明冈瓦纳大陆确实存在(图 10-3)。*Lystrosaurus* 也曾发现于其他陆块，很可能是冈瓦纳大陆的范围比过去设想的要大，也可能当时非洲与劳亚大陆有一定的联系。板块构造和地体学说兴起后，使一度被固定论所反对、几乎销声匿迹的大陆漂移学说得到了复苏和发展，而古生物学又为板块学说的建立提供了许多证据。

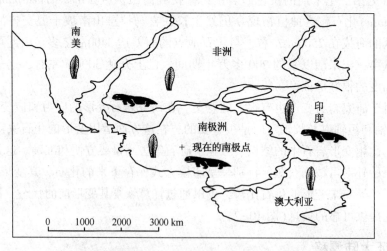

图 10-3　大陆漂移——化石证据(据 Colbert 等，1973)

五、古生物学用于古天文学(历史天文学)的研究

生物生活条件的周期变化，引起生物的生理和形态的周期变化，称为生长节律(growth

rhythm)。对各地质时代化石生长节律的研究，能为地球物理学和天文学提供有价值的资料。很多生物的骨骼都表现出明显的日、月、年等周期，例如珊瑚的生长纹代表一天的周期。1963 年韦尔斯(J. W. Wells)、1965 年斯克鲁顿(C. T. Scrutton)对现代、石炭纪、泥盆纪珊瑚外壁的生长纹进行研究，发现现代珊瑚一年约有 360 条生长纹，而石炭纪一年有 385 ～ 390 条生长纹，泥盆纪有 385～410 条生长纹，由此推断泥盆纪和石炭纪一年的天数要比现代多。这一研究成果与天文学家的推算结论完全吻合(图 10-4)。天文学通过对月掩星、日食、月食的长期观察等推断地球每 10 万年日长增加 2s 的结论。这说明地球自转速度在逐渐变慢。天文学公认地球公转的时间在整个地质时期中变化不大。由于每年天数减少，每天的时间长度必然增加。利用古生物骨骼的生长周期特征，还可推算地质时代中一个月的天数和一天有多少小时。据计算，寒武纪每天为 20.8h，泥盆纪为 21.6h，石炭纪为 21.8h，三叠纪为 22.4h，白垩纪为 23.5h，而现代一天为 24h。

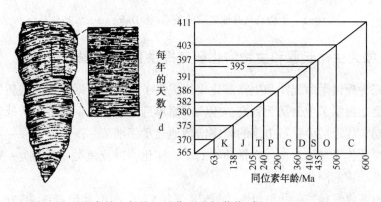

图 10-4　珊瑚的生长纹，示化石生长节律(据 J. W. Wells, 1963)

许多海洋生物在生理上与月球运转或潮汐周期有联系。对古代月周期的研究，可提供月、地系统演变史的资料。

根据化石生长线的研究得知，地球自转周期变慢的速度是不均匀的。石炭纪到白垩纪变慢速度很小，而白垩纪以后明显增强。其原因或许是白垩纪以后板块的分离引起浅海区的扩大，从而增强了潮汐对地球的摩擦。

另外，我们在了解各地质时代每年天数变化的基础上，可利用化石生长线得知每年的天数，反过来确定其地质时代，这种方法要比用放射性衰变法测定年代方便，因为它没有化学变化和实验室测定误差带来的麻烦和不准确性。

六、古生物学在沉积矿产成因研究与勘探生产中的应用

古生物与元素分布、矿产等有密切的关系。有些沉积岩和沉积矿产本身是生物直接形成的。如硅藻土是由大量的硅藻硬壳堆积而成；煤是由大量植物不断堆积埋葬变质而成；石油、油页岩的形成与生物密切相关，在已发现的碳酸盐岩油田中，生物礁油田占有较大的比例(图 10-5)。动植物的有机体还富集某些成矿元素，如铜、钴、铀、钒、锌、银等。现代海水的铜含量仅有 0.001%，但不少软体动物和甲壳动物能大量地浓缩铜。古代含有浓缩矿物元素的古生物大量死亡、堆积、埋葬，就有可能形成重要含矿层。

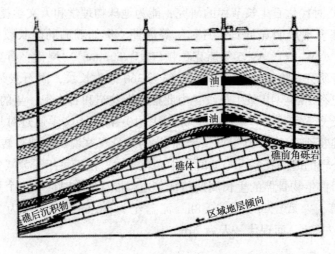

图 10-5　生物礁与石油矿藏的关系（据 D. V. Ager，1963）

七、古生物为生命起源和生物演化研究提供直接的证据

古生物研究为探讨生命起源和生物演化规律提供了有力的证据。从老到新的地层中所保存的化石，清楚地揭示了生命从无到有，生物由简单到复杂、由少到多、从低级到高级等的演化规律。不同年代地层中化石出现的顺序清楚地显示了细菌—藻类—裸蕨—裸子植物—被子植物的植物演化；无脊椎动物—脊椎动物的动物演化，以及鱼类—两栖类—爬行类—哺乳类—人类的脊椎动物的演化规律。

我国贵州前寒武纪瓮安牛物群（距今约 5.8 亿年），云南寒武纪澄江动物群（距今约 5.4 亿年），以及辽西中生代晚期恐龙、鸟类、真兽类和被子植物化石的发现，为早期无脊椎动物、脊椎动物、鸟类和被子植物的演化揭示出珍贵的资料。

生命起源是自然科学领域内最重大的课题之一，一百多年前，恩格斯就已指出"生命是蛋白体的存在方式"。蛋白质和核酸的结构与功能是认识生命现象的基础。蛋白质由 20 种不同的氨基酸组成，这些氨基酸大部分已在化石中找到，这对研究生命起源具有重大意义。在前寒武纪地层中，特别是在前寒武纪的燧石层中，已陆续发现了各种化学化石和微体化石。如南非距今 37 亿年的前寒武纪地层中发现有显示非生物起源和生物起源的中间性质的有机物质；美国明尼苏达州距今 27 亿年的前寒武纪地层中，发现有现代蓝藻类念球藻（*Nostoc*）所含的特征物 7-甲基 17 烷和 8-甲基 17 烷，说明 27 亿年前就有和现代蓝藻类念球藻属相类似的蓝藻。

【关键术语】

标准化石；指相化石法；形态功能分析法；群落古生态分析法。

【思考题】

1. 试述生物演化与地质年代单位及年代地层单位的关系。
2. 为什么古生物化石可以用于地层划分与对比？

3. 古生物化石资料用于古环境恢复的理论基础是什么？
4. 简述古生物研究方法与工作程序。
5. 为什么古生物化石资料能用于大地构造分析与古大陆再造？
6. 古生物资料的分析与应用时，应注意哪些问题？
7. 孢粉化石在野外选择样品和采集时应注意哪些问题？
8. 简述古生物资料对研究生命起源和生物演化的意义。
9. 简述应用古生物学分析环境常用的方法。

参 考 文 献

[1] 杜远生，童金南，等．古生物地史学概论[M]．武汉：中国地质大学出版社，1998.

[2] 方大钧，夏天亮，刘衍伦．古生物地层学[M]．北京：地质出版社，1978.

[3] 范方显．古生物学教程[M]．东营：石油大学出版社，1993.

[4] 傅英祺，叶鹏遥，杨季楷．古生物地史学简明教程[M]．北京：地质出版社，1992.

[5] 古生物学名词审定委员会．古生物学名词[M]．北京：科学出版社，2009.

[6] 顾德兴，张桂权，等．普通生物学[M]．北京：高等教育出版社，2000.

[7] 郝诒纯，茅绍智．微体古生物学教程[M]．武汉：中国地质大学出版社，1993.

[8] 何心一，徐桂荣，等．古生物学教程[M]．北京：地质出版社，1987.

[9] 何心一，徐桂荣，等．古生物学教程[M]．北京：地质出版社，1993.

[10] 康育义．生命起源与进化[M]．南京：南京大学出版社，1997.

[11] 李博，杨持，林鹏．生态学[M]．北京：高等教育出版社，1999.

[12] 门凤岐，赵祥麟．古生物学导论[M]．北京：地质出版社，1993.

[13] 穆西南．古生物学研究的新理论新假说[M]．北京：科学出版社，1993.

[14] 孙儒泳，李庆芬，牛翠娟，等．生态学[M]．北京：科学出版社，2000.

[15] 孙跃武，刘鹏举．古生物学导论[M]．北京：地质出版社，2006.

[16] 童金南，殷鸿福．古生物学[M]．北京：高等教育出版社，2007.

[17] 汪品先，等．东海底质中的有孔虫和介形虫[M]．北京：海洋出版社，1988.

[18] 魏沐潮．微体古生物学简明教程[M]．北京：地质出版社，1990.

[19] 武汉地质学院古生物学教研室．古生物学基础[M]．北京：地质出版社，1983.

[20] 吴庆余．基础生命科学[M]．北京：高等教育出版社，2000.

[21] 肖传桃．古生物与地史学概论[M]．北京：石油工业出版社，2007.

[22] 杨式溥．古遗迹学[M]．北京：地质出版社，1990.

[23] 杨式溥．古生态学原理，方法和应用[M]．北京：地质出版社，1993.

[24] 曾勇，胡宾，林月明．古生物地层学[M]．徐州：中国矿业大学出版社，2008.

[25] 张永辂，刘冠邦，边立曾，等．古生物学[M]．北京：地质出版社，1988.

[26] 张昀．生物进化[M]．北京：北京大学出版社，1998.

[27] 朱才伐．古生物学简明教程[M]．北京：石油工业出版社，2010.

[28] B. 齐格勒．现代古生物学导论[M]．赵祥麟，译．北京：地质出版社，1992.

[29] D M 劳普，S M 斯坦利．古生物学原理[M]．北京：地质出版社，1997.

[30] Michael Foote，Arnold I Miller．古生物学原理[M]．樊隽轩，詹仁斌，等，译.北京：科学出版社，2013.

[31] R W 费尔布里奇，D 雅布隆斯基．古生物学百科全书[M]．北京：地质出版社，1998.

[32] 汪品先.中国海洋微体古生物[M]．北京：海洋出版社，1985.

[33] Ausich W I，Lane N G. Life of the past[M]. New Jersey：Prentice Hall，1988.

[34] Benton M，Harper D. Basic Palaeontology[M]. London：Addison Wesley Longman，1997.

[35] Bignot G. Elements of Micropaleontology[M]. Paris：Bodars，1982.

[36] Brenchley P J，Harper D A T. Palaeoecology：ecosystems，environments and evolution[M]. London：Chapman and Hall，1998.

[37] Clare Milsom，Sue Rigby. Fossils at a glance[M]. 2nd ed. London：Wiley-Blackwell，2010.

[38] Cowen R. History of life[M]. 4th ed. Oxford：Blackwell Science，2005.

[39] Doyle P. Understanding fossils：an introduction to invertebrate Palaeontology[M]. London：Wiley，Chiches-

ter, 1996.

[40] Haq B, Boersma A. Intruduction to marine Micropaleontology[M]. Amsterdam: Elsevier, 1978.

[41] Prothero D R. Bringing fossils to life: an introduction to Paleobiology[M]. New York: McGraw-Hill, 2004.

[42] Raup D M, Stanley S M. Princeples of Palaeontology[M]. San Francisco: Freeman, 1978.

[43] Taylor T N. Paleobonty, an introduction to fossil plant Biology [M]. New York: McGraw - Hill Book Company, 1980.

[44] Van Morkhoven F P C M. Post-palaeozoic osytracoda[M]. Amsterdam: Elsevier, 1962.

[44] Ramsay A T S. Oceanic Micropalaeontology[M]. London: Academic Press, 1977.

[46] Ziegler B. Introductiou to Palaeobiology, general Palaeontology[M]. New York: Ellie Herwood, John Wiley & Sons, 1980.